建筑设计管理
方法与实践

沈源　编著

中国建筑工业出版社

图书在版编目（CIP）数据

建筑设计管理方法与实践／沈源编著. —北京：中国建筑工业出版社，2014.3 (2022.3 重印)
ISBN 978-7-112-16316-8

I. ①建… II. ①沈… III. ①建筑设计－管理－研究 IV. ①TU201

中国版本图书馆CIP数据核字（2014）第012955号

责任编辑：唐　旭　李成成
责任校对：姜小莲　陈晶晶

建筑设计管理方法与实践
沈源　编著

＊
中国建筑工业出版社出版、发行（北京西郊百万庄）
各地新华书店、建筑书店经销
北京美光制版有限公司制版
北京中科印刷有限公司印刷
＊
开本：880×1230毫米　1/32　印张：9$\frac{1}{2}$　字数：320千字
2014年6月第一版　2022年3月第三次印刷
定价：68.00元
ISBN 978-7-112-16316-8
　　　（38379）

笔者相信每个建筑设计师在学校教育和工作伊始阶段都有这样的理想：实现理想的设计创意，完成传世的设计精品，更好地创造和实现设计师的个人价值，这可能是每个从事建筑设计行业的人员在接受教育时就被引领的目标。而我们进入工作岗位之后就会发现，影响一个建筑方案的因素变得越来越复杂。一方面有来自建筑师自身对建筑背景的分析和个人建筑语汇的把握，另一方面，也有来自外部社会环境因素的意见和限制，我们对建筑的美学与理性的思考方式和个人建筑设计手法会在建设项目的推敲过程中跌宕演变，有的时候个人的创作语汇就会变得很不重要，建筑师因此会有挫败感。很多的建筑师甚至会放弃这种个人特质的表达，以一种平常工作的态度来完成建筑设计工作，这个建筑作品当然也就不得不离艺术与创意的物化渐行渐远。

面对现实我们不妨从另一个角度来看，建筑本身就是社会性很强的艺术形式，建筑作为空间艺术和形态艺术的载体，同时受制于建筑技术和管理能力，更是各种社会因素的集中体现。其实，想要把一个建筑物从其诸多背景，比如法律，技术、政治和经济之中脱离出来是不可能的。同时，任何设计方法中一个重要部分就是解决限制条件的过程，这些条件随时都应该可以转化为积极因素。一方面，市场、使用者需求和新技术、新材料的不断变化，这些都使建筑设计变得非常复杂。而另一方面、规范、政策等各类因素，建筑设计能否克服这些限制条件成为衡量设计哲学成败与否的依据。在坦然面对这些影响设计的环境因素下，我们可以确定，在现代经济社会中的建筑工程设计，除了灵感和创意之外，其实现的过程本身就是一个完整、精细的经济价值活动过程。而既是经济活动就自然会有价值实现的规律，就会有价值的管理原则、方法以及相应的管理工具。发现、总结那些能有效地克服现有技术限制条件的设计组织手段，介绍那些科学的技术管理方法也正是本书的出发点。

本书对建筑设计探讨的不是建筑设计的知识结构，甚至刻意回避了那些有关方案构思或者是空间布局优劣的分析，而是把设计放在一个社会环境限制下，作为一个技术工作的管理过程去研讨，其中包括这个过程中的工作思路、操作方式以及管理工具。即如何使设计创意在现有的创作环境条件中去逐步完美实现，如何找到解决影响各种技术问题的方法和规律。这本书也不想仅仅只关注某一类建筑设计从业人员（比如只针对设计院的建筑师）的困惑，因为无论是设计院的建筑师，还是地产公司中的建筑技术管理者，抑或是各类相关的专业设计、技术教育与咨询机构，其工作目标都是要跨越同样的挑战——由技术人员解决建筑设计过程中的技术问题。而以国内设计行业的发展现状而言，很多问题如果没有跨专业、甚至是跨行业的视角解析是无法探究其本质的，当然也更无从寻找答案。而很多解决技术问题的手段是可以相互借鉴，其背后的原则也往往是相通的。同样这一点，在我们参考那些国外相对完善设计环境中的设计师职责，在比对那些相对成熟的设计管理团队中的工作模式与方法时，也会得到一些启发。

本书的部分原稿内容曾于2010年在中国建筑工业出版社出版，此后又经过三年左右的设计实践，笔者在理论与实践结合原则指导下有了大量的工程实例更新，于是有了今天《建筑设计管理方法与实践》的诞生，这也得益于很多读者和培训学员（笔者工作涉及专业培训领域）的积极反馈，通过与他们的充分交流和自身的切身体会，为本书的提供了一大批更为贴切、广泛的实践案例。而通过这次对本书的完善，无疑能使设计管理原则更密切地与更广泛的设计实践相贴合，同时使得读者便于阅读和理解接受。同时，内容可以涉及更多的建筑类型和更通用的设计管理原则，也会使广大设计师更有序地理解来自不同层面的需求，系统地提高技术实战水平，最终更好地实现自己的设计意图；同时也能够使业主或从事设计管理的专业人员了解其工作的操作规律和可能提升的空间，最终成为建筑设计师在工作中一本通俗易懂的工具书。

而2012年注定是中国建筑设计领域不平凡的一年，中国建筑师王澍先生，荣获全球建筑设计最高荣誉——2012年度普利兹克奖，这也是该奖项1979年创立以来，第一次授予一位中国建筑师。作为一位只在中国设计建筑并在获奖之前从没出版过任何作品集的建筑师，在其获奖感言中也曾谈到："建筑师不仅作为一个技术执业者，而是要有更加宽广的视野，更深思熟虑的思考，更清楚的价值观和信念……"本书正是期望通过对设计管理方法上的点滴思考，能够帮助设计师在现实条件的众多限制中寻找一条设计实现的最佳通路。有时候，我们并不缺少灵光一现的方案创意，而更多的是缺乏必要系统的工作手段去精细实现这些设计。

沈源

2013年12月

shemyoung@sohu.com

目录
C O N T E N T S

前言

第一章 设计组织方式的优化 1

  一 应用技术及部品设计工作的重要性 2

  二 应用技术和部品设计概念的引入 10

  三 设计中如何控制应用技术及部品设计工作 25

第二章 设计流程与标准 35

  一 设计流程标准的概述 36

  二 设计流程标准涉及的过程与内容 43

  三 设计标准的逻辑与系统 49

  四 设计标准的案例——境外设计事务所的设计成果手册 54

第三章 设计与成本 65

  一 设计与成本,一个不可回避的话题 66

  二 设计成果是怎么转化为工程造价的 68

  三 设计与工程成本的关联 72

  四 设计与非工程成本的控制 93

第四章 设计深化的过程控制 99

  一 施工图之前的条件要求及工作组织 100

  二 互提专业条件图的作用 108

  三 施工图目录的作用 111

  四 部件部品的设计支持体系 115

第五章　设计与模型 125

一　模型工具的概念 126

二　设计模型要如何做——分阶段做 134

三　工作模型如何使用 140

四　如何组织大量的模型工作 144

第六章　精细化的施工图成果 149

一　设计成果质量控制体系 150

二　精细化施工图的管理 157

三　与传统施工图的优化 159

第七章　总图设计及优化 175

一　总图设计概述与发展 176

二　总图设计与相关专业的关联 177

三　总图设计图应表达的内容 180

四　总图设计优化工作 187

第八章　施工阶段的设计管理 201

一　施工阶段设计管理工作的意义 202

二　施工图审查及后续工作交接 204

三　施工标准及工艺样板确认的指引 205

四　现场定期巡查及管理工具 209

五　设计变更及现场签证管理　　　　　　　　　213

六　重点问题需重点关注　　　　　　　　　　217

第九章　设计信息管理　　　　　　　　　　　233

一　设计信息管理的概念　　　　　　　　　　234

二　设计信息管理的体系　　　　　　　　　　235

三　关于设计信息的表达　　　　　　　　　　238

四　工程阶段的设计信息管理案例　　　　　　241

五　市场阶段的设计信息管理案例　　　　　　245

第十章　组织与计划管理　　　　　　　　　　263

一　设计组织模式的比较　　　　　　　　　　264

二　设计管理与计划组织方式的差异　　　　　268

三　境外设计的合约与费用管理　　　　　　　280

四　与境外设计合作的小常识　　　　　　　　286

参考文献　　　　　　　　　　　　　　　　　291

后记　　　　　　　　　　　　　　　　　　292

第一章

设计组织
方式的优化

一　应用技术及部品设计工作的重要性

（一）为什么我们的设计成果总是不能精确展现原始创意？

实现一个美好的设计创意，完成一件设计精品，能够更好地创造专业团队的社会价值，这可能是每个从事建筑技术行业的人员在学校时就被教育、被熏陶的理想，也成为他们在日后工作中被时时刻刻指引着的目标。

但是，作为设计工作者可能在现实工作中都会遇到这样的困惑，我们前期看似不错的原始创意，在设计实施完成后总是无法圆满实现。要么是业主抱怨设计师的设计成果只能是"图上画画，墙上挂挂。"——整体缺乏成本意识，细部考虑不足，设想效果脱离实际；要么就是后期施工单位抱怨图纸不够完善，不便于识读和实施；要么就是等到工程竣工不长的时间，除了基本的设计语汇、空间状态恍惚依稀可见之外，刚刚建成的作品就会"原形毕露"——问题百出、功能考虑不足、材料老化残破、细节粗糙，惨不忍睹。而凡事总有因果对应，初始的意气风发，过程的艰难困苦，结果的缺憾惋惜，这其中巨大的落差，恰恰和我们在设计过程中对某些重要环节的管理缺失很有关联。

随着我们走出国门的机会日益增多，我们越来越多地发现，发达国家的大量普通民用建筑，很难把它们描述成实现得多么精彩，甚至过后很难说出来都做了些什么。因为，他们只是把该做的都做了——并且都做到了。每一个该做的部分的最终实现效果都足够完善，即便是一条普普通通的道路，一

▲ 图1-1 交付使用仅两个月的建筑立面就面目全非，栏杆、雨篷锈迹斑斑

▼ 图1-2 上层花池排水，直接排到下层的露台处，不得不后期修改管道

4

▲ 图1-3　国外普通的城市道路、建筑外观和立面片段

栋平淡无奇的房子，每一个建筑的片断，每一个不经意的细部都足以满足人的长期使用，都可以成为独立的精品。而正是这些无处不在的精美设计组成了一个国家全面、发达的高品质生活。

（二）大师的作品都是在建筑哲学和创意理念上遥遥领先的吗？ ——对作品中细节的关注和把控才是实现作品的关键。

确实，随着社会对于设计价值认识的提升，设计大师们在当今社会领域的话语权和技术地位与日俱增，对于他们传奇般的创作历程的描述也是广为传颂。同时，我们也承认形式主义或象征主义作为设计创作的主要动因之一是始终存在的，比如柯布西耶（Le Corbusier）在某些设计项目之初，就会非常强调几何形式在建筑创作中的应用："序列是必要的，控制线能让我们更好地去理解问题……"。而另一些大师也确实在某些设计伊始就将创造某种象征含义作为一个重要起始部分。不过，大部分关于设计理念的形式或象征主义的论述还是多停留在评论和事后分析的状态。正如同建筑师伊娃·吉日卡纳（Eva Jiricna）所说的："在设计开始的过程中，你通常可能会得到一个想法，但是那个想法却不会是一个非常哲学化或者概念性的思维。实际上，这个想法往往都是由实际问题引发的。我认为在那些伟大的建筑后面根本不存在伟大的象征性思考。我让记者和建筑评论家去发现深层次的象征含义，对我来说，他们毫无用处"。

实际上，让我们抛开这些大师们在创作习惯上的争执不谈，我们也可以清楚地发现，除了那些自身就以展现现代科技、材料工艺为特色的现代建筑大师的作品，很多优美的设计作品无论在外部形式或者是内部空间上，都并非片面追求天外飞仙般的设计手法，而更多的是依靠合理的功能组织、精确的细节做法、完美的材料表现来实现他们朴实的创意理念，同时也展现了建筑自身的神韵。我们可以明确，除了建筑哲学、创新理念、造型能力等方面，建筑大师对作品中的材料、细节的一贯关注和把控功力才是成就作品的必备条件。

现代建筑大师阿尔瓦·阿尔托（Alvar Aalto），其设计思想中强调有机

▲ 图1-4 红砖、木材与环境融为一体的撒伊诺萨罗市政厅实景

主义和建筑的自然属性，是芬兰国宝级的设计大师。阿尔托设计领域广泛，涵盖建筑、室内、工业产品等诸多方面，素有"曲线之王"的美誉，在世界现代建筑史上享有极高的声誉。

图1-4中的撒伊诺萨罗市政厅，是阿尔托在战后最为著名的作品。在外观上，市政厅建筑组群全部采用简洁纯粹的几何形状，顶部设有大块天窗，体现了现代主义建筑的基本特征。在材料上，优雅的红砖和天然木头则充分表现其有机主义建筑主导，乡土材料的自然建筑理念。

对于其最为擅长使用和充分体现本土材料特质的红砖和木材，大师阿尔托在其位于芬兰莫拉特塞罗的夏季别墅的内庭中，设有专供其用于材料效果比较、试验的场所，整个内庭院的墙面被分成大约五十多个区域，每块均由形状、大小不同的材质组成。而整体场所包括场地铺装在内，都在充分尝试不同材料的美学性和实用价值。其中，不同砖的尺寸、排布、组合、交接、凸凹、勾缝效果琳琅满目，细致程度令人叹为观止，参见图1-5、图1-6。

再看一个大家更为熟知的人物，美籍华裔建筑大师贝聿铭（Ieoh Ming Pei），1983年普利兹克奖得主，被誉为"现代建筑的最后大师"。由其设计完成的华盛顿国家美术馆东馆、卢浮宫改扩建、香港中银大厦等佳作，设计手法单纯而华丽，于无声处蕴涵着力量。而他对于钟爱的材料——钢材、混凝土、玻璃与石材的强烈的执着往往到了无以复加的地步，以至于一砖一瓦、一石一木，处处体现着一种东方人特有的细腻和高贵，而其设计作品中的结构逻辑也藏在鲜明的造型和精美的构造之中。

以至于有人对贝聿铭大师设计的公共建筑曾作过这样的评价：请不要把你的作品放到这里来——由于空间尺度的感染力、建筑细部的精美、材料使用的考究，往往在不经意间，其中的艺术展品反而很容易变成建筑空间的装饰。

贝聿铭设计的美术馆、博物馆，见图1-7～图1-9。

◀ 图1-5　阿尔托在夏季别墅中的工作试验场地
▼ 图1-6　试验场地中的材料试验墙局部

▶ 图1-7～
图1-9
贝聿铭设
计的博物
馆现场

8

（三）矛盾和差异的焦点：建筑技术及部品设计在普通民用建筑实施过程中的把握

我们通过实际设计过程的学习和交流可以发现，我们与很多国外先进的设计事务所，甚至是那些大师们之间，在建筑哲学和创意思路上可能是有些差距但并不巨大，反之在设计实施过程把握方面的差距却是相当明显的，特别是那些针对建筑技术和部品部件的精细化定义的过程，专业意识和能力更为薄弱。

以很多成熟境外设计事务所的运作为例，其设计工作起始就是由三个方面来支撑的，即建筑方案设计、建筑技术、设计管理，并且这三个方面的工作从设计开始阶段就是齐头并进的。当然，这其中也会根据不同的项目情况、不同的进展阶段各有侧重，但绝不会脱节。可以这样来说，建筑设计是建筑意图创作，它只是一个概念定义。建筑应用技术和最终细部才是实施定义，它和建筑设计是实施与概念的关系，相互支持。而日常设计管理的目的在于与业主共同建立一个设计和实施的理性过程，科学地引导设计向正确的方向前进。对于建筑技术这一概念，在境外设计组织中的设计说明撰写者"Specification"（后文有专题论述）的角色过程就是使建筑技术成为文字界定的过程。我们恰恰在这三者中的后两者支持上缺失较大，使得建筑技术和细部界定不清，而设计过程又未必能按科学的方面引导，最终造成建筑设计也只能停留在美好理念的层面上。

这一点从另外一方面也可以加以佐证。目前我们通常在国内看到的一些大型公共建筑的效果相对来讲可能还比较理想，譬如那些在很多城市中的金融街等核心区域常见的银行、酒店、写字楼。反之，很多普通民用建筑中的建筑实施过程中的问题往往非常突出，为什么呢？主要的原因还是各个环节在设计实践中得到的重视程度。也就是说，很多复杂的大型商业项目的建筑技术、部品设计都是建筑设计过程中不可或缺的重要部分，在成熟的设计组织过程中会得到应有的关注。并且更关键的是，这些关键的体现效果的部品或重要部件，譬如幕墙体系、室内外设备、甚至包括主体结构往往多是由专业厂家配合进行详尽的技术设计，并在其各自的工厂里加工完成的。而这些厂家的专业能力和加工工艺即便在世界上也是具备相当竞争力的，他们不但承接了国内的大量建设任务，同时也参与了诸如迪拜等环球热点地区的大型工程建设。而有了这样的专业条件保障，又尽量脱离了现场湿作业的困扰，特别是避免了那些施工及管理人员组织混乱或质量意识淡薄的境况，最终产品的实施效果得到有效控制的概率也就大了很多。但是，在中国如此大规模的现代化建设浪潮时期，我们也不得不继续面对这样的现实：通过大量低技能、缺少培训及管理程度不高的农民工来解决建设工程领域的人力缺口的状况，仍然可能要持续相当长的一个时期。同时，由于社会整体建筑工业化水平受到行业发展能力以及社会经济条件的制约，我们通常意义上的普通民用建筑物的建造过程也很难快速实现全面系统的机械化、装配化、工业化。但正因为如此，我们如果越是想实现大量精细化的产品，就越是要求我们在每一个普通的民用建筑实施的过程中，更加关注建筑技术和材料细部的设计过程，更加关注每个部品部件的实施过程控制。

二 应用技术和部品设计概念的引入

如果说我们认识到了大师对于技术工艺、设计细节的追求，也关注到了建筑应用技术及部品设计工作在最终精细化建筑作品实现中的重要作用，那么，我们该如何准确地判断、界定其概念和内容，如何有效进行分阶段的设计控制，又如何确保其最终能与建筑成果良好互动呢？

（一）建筑应用技术

1. 应用技术的概念

建筑应用技术这个概念大家都不会太陌生，如果说可以把建筑比作供人使用的机器的话，那么各项具体的技术就是实现这部机器的性能的重要组成部分。

需要关注的是，今天的建筑应用技术已经不再是过去的那些单一、简单专业配套的概念所能代表的了，而是全面集成、高度系统化的行业应用科学体系。几乎所有的专项领域都有其对应的应用技术，同时各项技术又可以相互衔接，共同为打造一个高品质的产品提供有效支持。从某个专项工作角度来讲，比如从场地规划开始，应用技术就是从生态场地控制、雨污水循环利用到垃圾环保收集等各个环节一应俱全。而从某个单一专业角度来讲，以结构专业为例，其也有地下工程技术、高效钢筋混凝土、新型结构及施工工艺等大量的应用技术。而应用技术对于建筑性能实现的影响就显得更为全面了——保温隔热、通风换气、采光照明、隔声防噪、采暖制冷，等等。每一个单项都有大量的专项技术措施，并能对应特定的行业标准、厂家资源、技术产品，最终为持续提高人们的生活品质创造条件。并且，这些技术还可以进行多项集成，形成一套或多套关联的体系，同时作用于一栋建筑之上，发挥更大的效力。因此，熟练掌握这些应用技术，合理地发挥其功效，正是很多强调现代建筑设计中的高技术含量的建筑师的创作方向，同时这也是时代赋予我们的财富与使命。

此外，还要特别强调的是，现代建筑技术日趋密切地与成本以及使用效果相关，对于我们的产品实施影响巨大。不同的市场客户需求，对应着不同的设计师预期设想，也对应着不同的技术标准和要求，而满足其条件的不同的技术性能产品，当然，也就有差异极大的成本花费。可以说，任何现代建筑设计都离不开应用技术的作用，在设计创作的每一个阶段都应充分体现其技术内容。特别是我们正迎接着一个信息革命和知识经济的时代，对于那些针对节能舒适性、科技含量提出了更高要求的建筑，设计师方案创作的每一个阶段都会更加依赖于应用技术集成所发挥的重大作用。

2. 集成化应用技术的案例——绿色建筑设计体系

随着人类对未来可持续发展模式的日益关注，绿色、生态、环保已经成为当今社会公认的热议话题。建筑行业作为一个公认的能耗排放、污染大户，如何实现可持续地发展也一直是各种建筑技术体系研发和应用的重点，同时这些技术体系也必然越来越多地影响、应用、融合到我们大量的普通建筑设计过程中。

在此我们想简单介绍一个目前非常热门的评议体系——绿色建筑设计体系为例。当然，之所以是简单介绍，我们的目的并不是在于详细介绍这个技术体系本身，而是想借此来说明建筑设计实现的过程与建筑应用技术之间密切互动的关系。

绿色建筑体系从概念上来讲应该是一个以规范完整、准确的绿色建筑概念，在建筑中有效地减少对环境的负面影响为目标的绿色建筑评价工具。我们以由美国绿色建筑协会建立并推行LEED（Leadership in Energy and Environmental Design）为例，其通常会根据一个设计的以下方面指标打分：1）可持续的场地规划；2）保护和节约水资源；3）高效的能源利用和可更新能源的利用；4）材料和资源问题；5）室内环境质量；6）创新与设计。每一项内容都编制有详细的技术导则和手册，几乎完全就是每一个单项技术的设计说明书，而再把它们编辑成册就自然成了一套应用技术成果标准的汇编。其内容精确阐明了绿色建筑各个相关的技术内容和实施措施，并辅之以案例指导和打分要求以及评分需要呈交的文件等。凡符合要求的各项设计均可以得分，得分的多少根据对每一项的评估情况而定。最后将各项得分相加，根据总分将建筑物分为通过、银、金、铂四级（由低至高）四个认证等级。

3. 绿色设计认证（技术集成）体系如何逐步指导、辅助建筑方案设计深化

我们仍以LEED体系为例，LEED体系所倡导的是一种完整的、交付式的设计管理流程。比如说在设计之前，就要考虑我们如何来做这个绿色设计，准备把哪些技术纳入到创作草案中，打算做到什么标准。之后在概念方案设计阶段，就要考虑如何来整合资源并确定技术方案，还要包括注册项目等工作。再者就是到设计深化阶段，如何将技术方案密切与建筑设计、成本、设备选型相结合，以及如何选择调试团队，包括汇编、提交有关资料，最终将技术内容落实在施工图纸和技术措施中。甚至到了项目实施后期，包括如何选择施工队伍、施工过程的管理、材料的管理、特定的废料记录等等，都要求设计组织者定向跟踪。

在项目设计之初，你不仅要使各专业人员在内部组织及分工上充分参与，而且还要把包括物业管理人员的相关资源都整合进来。举个例子，在

LEED设计要求中非常强调垃圾的有效回收，你如果打算就此规划每一层楼或每一个平面为多少用户设计一个比较醒目的可供垃圾储存和收集的地方，这实际上是与物业管理前期介入相关，会涉及物业管理模式，甚至是取费标准等等。合理的方式就是每个专业的每个工种都深入进去，这个过程也最终会体现到项目的运转阶段。

也就是说，如果你打算设计一座公认的具备绿色技术的建筑，那么你在设计伊始，就要有意识从组织方法、选址规划、单体技术、设备工艺、材料选择等各个方面加以全面考虑。当然，这个系统性的组织文件已经由LEED技术导则帮你分专业、分阶段罗列清楚，你所要做的就是参照这个指引手册，密切结合方案进展相互配合了。比如依据LEED评估体系，建筑物所用材料中如果有20%以上是在建筑工地800km半径范围内生产的，可得1分。如果这个比例达到50%以上则另加1分。因为采用离工地比较近的地方生产的材料可以节省长距离运输中的能源消耗。如果你打算满足这一项内容，你的设计就要从一开始明确要求，并从规划、单体设计、材料选择等几个角度同时考虑。此外，还有很多技术措施都延续到了实施和验收层面。换而言之，最终通过绿色认证的项目，绿色的理念不但要在设计上有所考虑，在施工过程中还要严格遵守，并在后续的运营中加以体现。

其实绿色建筑设计系统，特别是其较低标准的认证要求，较之普通的建筑技术设计应用体系来讲，并不一定有多么高深的技术含量，只是对于建筑设计过程的组织要求更为严谨，技术指引更为系统而已。并且，各个国家都有其对应的绿色建筑设计、评审体系，而LEED体系之所以能够成为各国的绿色建筑评估以及建筑可持续性评估标准中较有影响力的标准之一，这与该体系庞大且条理分明，过程细致严谨而又透明清晰，且便于为使用者掌握等等因素密不可分。并且，目前美国越来越多的政府部门都将LEED体系列为所属部门的建筑标准，并不断在推广宣传上使之强化，比如，在税收、财务制度上将各种优惠政策与之挂钩，例如向通过LEED认证的建筑物提供优惠低息

设计成果　　　　　　设计流程　　　　　应用技术成果

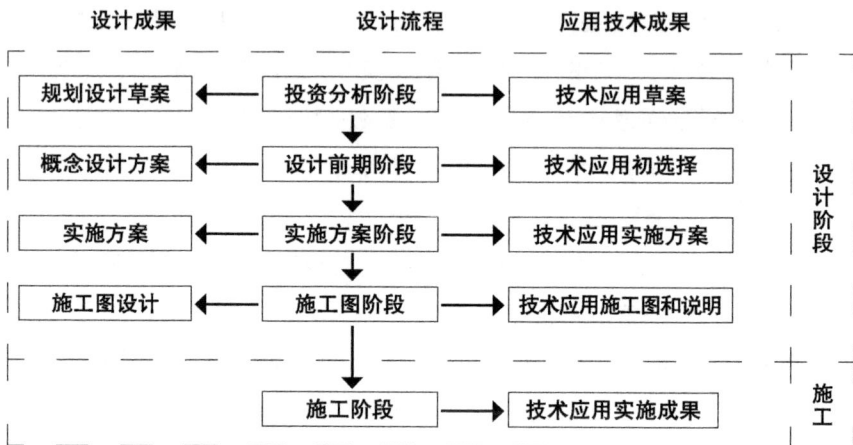

规划设计草案	← 投资分析阶段 →	技术应用草案
概念设计方案	← 设计前期阶段 →	技术应用初选择
实施方案	← 实施方案阶段 →	技术应用实施方案
施工图设计	← 施工图阶段 →	技术应用施工图和说明
	施工阶段 →	技术应用实施成果

设计阶段

施工

▲ 图1-10　应用技术与设计互动的设计工作程序

贷款、为企业免税等等。这样，产品的上、下游各个环节，无论是最终消费者、各种建材的供应商、建筑企业或者是开发企业也都愈来愈积极地投入其中，最终使这个体系形成了一个政策导向支持，技术标准明晰，实施监控严格，资源保障充分的建筑应用技术集成体系。

反之，无论你最初的绿色建筑设计构思是多么的新奇，但如果仅仅停留在一个模糊的设想状态，甚至是在设计成果行将完成之时才打算加入一套完整的健康环保应用技术，我们很难想象这样的设计最终还能符合设计要求、匹配产品标准、满足成本采购等诸多限制因素。因此，建筑应用技术与方案设计同步深化是真实地实现建筑方案的技术特性，保证建筑技术为我所用的必要条件。即在每一个相应的设计阶段，必须把技术应用部分对应考虑其中，并同步体现在相应的设计成果定义之中。如此才可以保证建筑方案的创意与技术密切结合，同时技术本身与投资成本、供货产品之间也能相互支持。我们为了满足这类建筑应用技术系统的要求，在设计深化的各个阶段对应的应用技术互动工作可归纳为图1-10的程序。

（二）部品、部件的设计

1. 部品部件的概念

相对建筑应用技术的通俗易懂，部品可是个外来词。部品的概念起源于日本，在日本对于部品的定义是，事先在工厂加工生产好的成型产品，是一个整体的组成部分。这种建材产品并非一定是螺丝钉那样的零细产品，而是对一个复合性建材部件范畴的定义。而重点的部件则可包含于部品当中，在具体的建筑设计实施过程中发挥极大的作用。

国内早在1997年，建设部产业中心提出学习日本住宅产业化概念的时候，就尝试引进了建筑部品的概念。建设部产业中心对部品的定义是，部品是住宅建筑中的一个独立单元，它具有规定的功能，是构成住宅建筑的组成部分。同时，按照住宅建筑各个部位和功能要求，以及工厂化生产的可能性，可将住宅建筑分解成各个部品部件。通俗地讲，居住建筑（成品）是由住宅部品组合构建而成，而建筑部品（半成品）是材料、构件和零配件等系统组合件的统称，见图1-11。

2. 部品工作需解决的问题及目标

针对部品部件在建筑设计体系中的作用，我们有必要更为详尽地就其具体的操作思路做一下介绍。先看几个工程实例，从图1-12可知，如果各项部品的品质低下，构件的实施安装不能得到系统化的落实，产品的品质会受到影响。

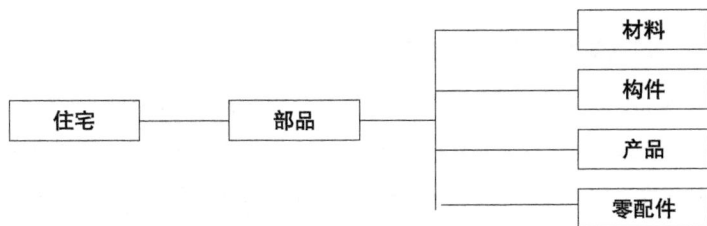

▲ 图1-11　住宅与部品关系图

15

▲ 图1-12　卫生间下水管件品质低　　　▲ 图1-13　栏杆成品保护差

　　而传统的建筑材料和施工工艺不利于成品安装及保护，最终直接影响产品品质（图1-13）。

　　完善的部品部件设计可以解决因技术标准不明确而导致的品质问题，特别是解决那些部件之间的衔接、安装容易出现的问题。同时，解决传统材料和构件本身的问题，从而使之更好地体现设计意图。特别是针对那些现场施工量大，交叉作业量大，施工速度慢，质量难控制的材料和构造构件，以及长途运输困难的材料更为有效。还可以彻底解决现有建筑体系上存在的技术难点，比如像渗漏问题等。

　　因此，部品部件的工作目标应为如下几点：首先，应着重建立每一个具体部件设计的技术标准，明确我们想要什么，解决哪些材料的品质问题。而建立相应的技术标准是首要的核心内容，无论是打算提高品质，还是未来实现工业化生产和拼装，建立技术标准都是基础。其次，是将部品实现装配化，从而实现工业化生产和安装，解决运输问题；尽量减少传统现场湿作业的施工工艺影响品质问题，同时也可大大缩短施工时间。最后，可实现规模化、集约化发展模式，降低部件成本，解决厂家资源问题，最终保证在合理成本限制下的品质水准。

3. 部品设计的工作方式及程序优化

既然部件材料工作是项目设计的重要组成部分，那么什么时候开始进行部品部件设计，将会直接影响到整体设计的成果，同时也必然会极大地影响到最后的设计品质。

（1）设计流程的优化

首先，我们看看通常的设计流程：概念——规划——单体——施工图——工程招标——部件二次设计——采购——施工，这样的模式会产生很多问题。

1）部件、材料不能及时反映到施工图纸中，二次设计、材料选样实则到最终是随意设计，甚至是无人设计，设计成果不完善。原创的设计效果由于节点做法缺失或者不精确，导致成本无法承受而不能实施。而成本允许价格下的材料部品又不能体现设计意图和品质，实施的效果就只能停留在空间框架之下，作品不得不接受细节大量缺失的状态，最终产品品质在相互推诿中受到影响。

2）部件研究的时间短，有些部分甚至来不及研究或研究不充分，导致方案到施工的推演过程中大量的材料矛盾，工程反复，并且出现临时性、不合理的后期工程修改，既增加了施工工期又增加了工程作业难度（如图1-14的天窗问题）。

◀ 图1-14　如果提前确定，完全可以和屋面有效结合，或直接采用玻璃天窗做法

17

3）由于图纸是半成品，存在大量设计甩项，有大量未确定科目。工艺做法不详，材料标准不确定，数量统计也不精确，后续成本招标工作很难在工程量清单模式下展开（此项在后文章节另有单独论述），最终导致现场出现大量变更调整，成本失控。

有效的设计方法最重要的一个目的就是要尝试克服这些限制条件，并将这些条件随时转化为积极的配合因素。为了解决上述问题，我们尝试提出了一个优化的设计流程，见图1-15，从概念方案开始——后续规划、单体和部品设计及应用技术三项工作同时进行——而在实施方案阶段，大部分的部件部品已经确定——并编入施工图指导书——最后结合现场状况融合到施工图中——全部施工图完成时，全部部件部品及材料选择研究结束。

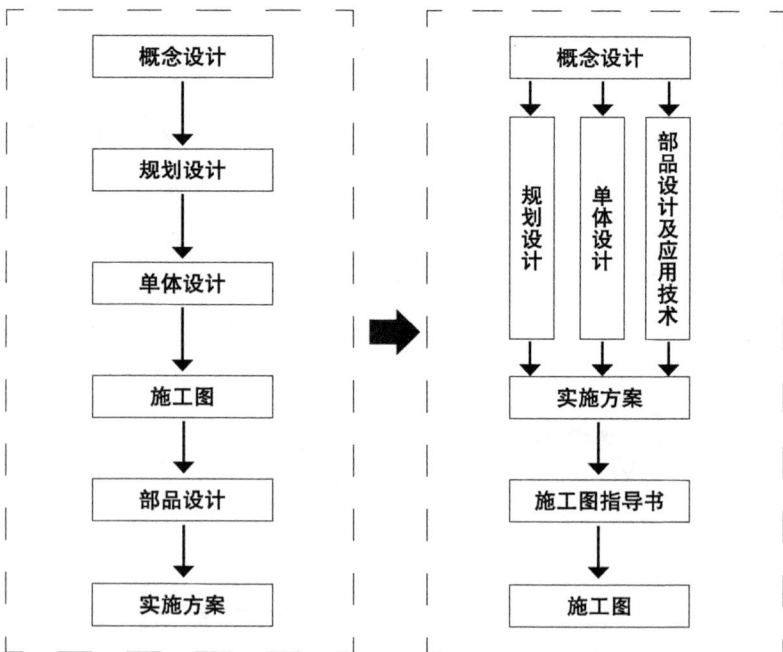

▲ 图1-15 设计管理流程优化图

（2）具体的工作流程

在整体项目程序的指导下，部件的内部循环工作流程可以依次描述为建立标准—确定符合标准的载体—设计载体—采购—生产安装。并且由于涉及设计、采购、安装等多个工序，也由此可见部件设计、部品定型工作是一个多阶段、跨部门的工作，如果各个专业环节不及时参与，相应的工作成果就会出现反复。我们以栏杆的设计问题为例（见图1-16）。设计师刚做栏杆设计时，没有工程师参与，栏杆从标准的建立到设计定样全部是建筑设计师主导的。最初栏杆的固定方式采用的是侧面安装，固定采用膨胀螺栓，按照这种方式设计师完成了整个研究过程。但当提交工程实施采购环节时，工程管理人员却以不能保证长期安全性能为由否定了膨胀螺栓的安装方式，造成了工作反复。

因此在建立标准阶段，需要设计师、工程师和项目实施部门一起建立标准，同时成本部门还要提供成本控制的目标，这几项环节缺一不可。

下面我们可以尝试以栏杆为例。设计初步确立标准，明确各个安装节点—设计定样（提交设计加工）—提交采购环节—按项目生产安装。

1）建立标准

上面讲了部件设计工作的整个流程，流程的第一步是建立标准。技术标准可分为两大块内容：①工艺要求；②性能要求。其中又会包括材料的选

19

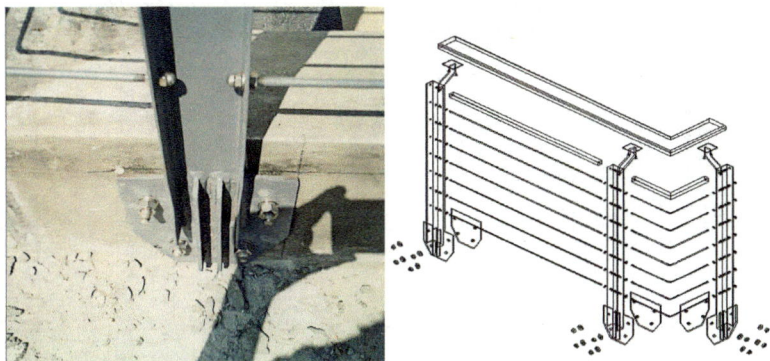

▲ 图1-16　栏杆与建筑主体连接方式的推敲图

择、制作要求、安装要求、精度要求、力学性能，等等。技术标准与成本有密切的关系，确立标准时应随时对应考虑我们的目标成本。另外，针对不同类型的设计，部品技术标准需要体现出差异。例如，高端产品的部件技术标准一般要高于中低端产品的部件，以体现出产品的档次差异。

2）设计载体

设计载体是最重要的环节，这个部分也可以分三个阶段来完成：载体设计阶段、实体安装研究和编制施工说明阶段。在载体设计阶段首先要确定设计方向，这是部件设计的难点。部件的设计方向和部品参考意向的确定，通常会有两种方式：找意向图片参考或者自己设计效果和具体节点，见图1-17。

确定设计方向后，就需要进行详细设计，并制作样板，详细设计的重点在于安装方式和细节的研究。以图1-18所示的大型商业的中庭栏杆设计研究为例，原扶手设计材料为不锈钢，简洁、常见，也便于施工及维护。但问题是此设计是用在北方，冬天手感欠佳，且容易产生静电。如考虑改用实木，

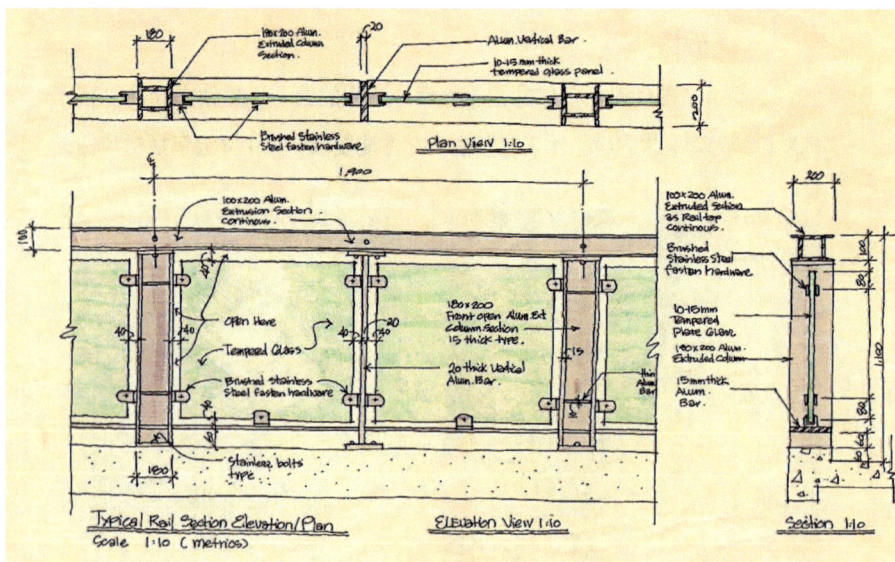

▲ 图1-17 境外设计师对栏杆部件的设计方案草图

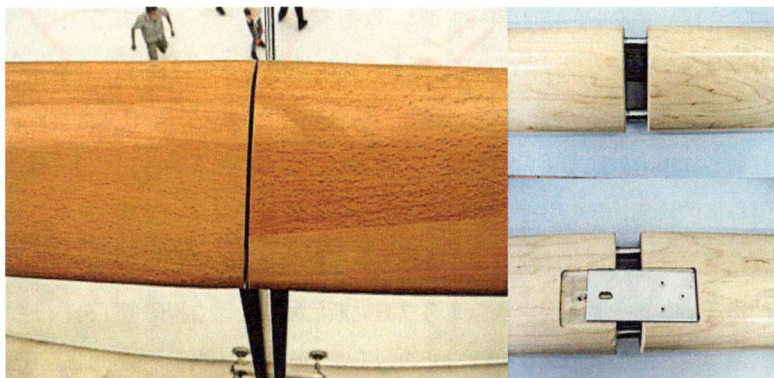

▲图1-18 大型商业中庭栏杆设计之一

则新颖很多，品质感也提升不少。但为防止因北方室内温差大，实木扶手较易开裂所产生的问题，故需要在每间隔3200mm处留出3mm缝隙；并且，木扶手中间还用两个钢栓连接，避免前后错位变形；同时，采取5mm钢板做连接基层，并用长孔进行固定，便于拉伸。通过以上的推敲，来充分检验设计效果和安装可行性，这也就是实体的定样。

随着样板载体定样后，工程师根据现场实施环节的需要编制具体的单项施工工序及工艺说明。

3）采购

随着设计效果定型，施工工艺的定型，成本部件需要同步进行成本测算，提出成本合理性意见，并最终把所有涉及效果和工艺的内容确认在采购阶段的文件中。设计师需要提交图纸、样板和技术要求，然后进入招投标程序。在这里我们需要强调的是，设计师必须负责招标过程中的样板确认。所有上述环节的定样标准成果也要及时封样；同时对于工艺做法的规定也要统一归档。

4）生产安装

在安装阶段需要强调是，安装前应对监理和施工单位进行培训，强调进场前样板确认的必要性，并备以部品设计施工说明书。在后续的施工过程

21

中，还要及时收集安装时存在的问题，以便不断改进。

如果说大家认为，在现实工程中，简单地履行完上述程序就完事大吉了，那可能还不够。在前文中，经我们精心推敲的中庭栏杆，在大面积施工之前，样板运到现场（见图1-19），准备通过业主的样板确认。不过，通过对样板的检测，我们发现立挺的表观虽然基本都满足要求，但某标段的不锈钢立挺敲起来的声音略显空洞。首先值得怀疑的是不锈钢立挺是否存在空心的情况。在第一时间要求承包商将立挺锯断后发现，该立挺采取了外侧不锈钢包裹内芯的组合形式，虽然内外均为不锈钢，但对不锈钢的材质加工工艺还不能确定。生产厂家解释是为了保证外观效果，该立挺外侧为冷轧304钢，内芯为热轧304钢。由于我们对此前的安装工艺和成本核算做到心中有数，因此认为施工单位的解释不能信服，因为如果真如厂家解释的那样，那么此不锈钢立挺的成本会比原型的不锈钢高出很多。为能够得出最终的检验结果，项目部现场准备了专门检测304#不锈钢的测试试剂，对到场的问题不锈钢进行了检测。检测结果显示，外侧包裹的不锈钢为304#不锈钢，但内部包裹的不锈钢的抗腐蚀能力远远低于外侧不锈钢，为201#不锈钢，而201#不锈钢的造价只相当于304#不锈钢的一半（见图1-20）。

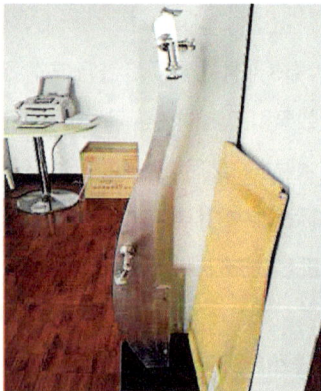

▲ 图1-19 现场样板照片

▲ 图1-20 不同的不锈钢工艺差别

对于施工单位的此种偷工减料的行为我们立即采取的果断措施，要求2日内将不合格的立挺全部退场，并要求该承包商在15日内提供满足要求的不锈钢立挺，等等，如此及时处理才未造成直接经济损失。最终几经百转千回，终于栏杆工程得以圆满完成（见图1-21）。

通过以上对于部品的设计组织过程可以看出，任何一个项目材料细节的实现都离不开正确而严谨的工作过程。而这一点笔者在翻阅一家美国大型设计公司的《设计质量控制手册》时，看到了一段极其贴切且精彩的论述，其中似有相同的感悟：

"THERE IS NO EASY WAY"

Generally, in a low bid environment, statements implying that "If there are conflicts in the documents, the contractor shall provide the greater quality and/or quantity" should be avoided, as contractors may be allowed to provide the least quality and/or quantity reasonably interpretable from the documents. An example of this would be drawings showing stainless steel guardrail in plan, elevation and detail on several different sheets, but a note on the drawing or specifications says "all guardrail shall be painted metal." In this case, the contractor may only be obligated to provide the least costly painted metal rail. Take time to clearly define the scope in the contract documents.

通常在成本控制日趋严格的情势下，施工图中如果仅仅泛泛表示："如有图纸不详处，施工者应选择优质的材料"云云，是毫无意义的，这类说辞应尽量避免。因为这类标示最终体现的"成果"通常都会是品质低劣的材料，并且效果也是惨不忍睹。比如以不锈钢护栏为例，我们在所有形式、规格、尺寸细节上都做了详细的推敲，但在图纸说明中仅仅简单地说："所有的护栏应涂白色高档金属漆"。在这种情况下，施工单位可能只会提供最廉价的涂漆做法。唯一的办法就是多花时间去确定详细的工艺做法，并使其在施工图及采购、施工管理过程中加以明确。

拥有这本《设计质量控制手册》的国际设计公司已有几十年的历史，想来这段话也有着相应的年龄，而我们前文所及的工程实例就发生在一两年前，就在我们身边。两个完全不同的时代，两种完全不同的建设管理环境体系，甚至是两种完全不同的商业文化背景，却在一个相同的工程问题点，有着完全相同的论述。其实这样的规律，既往，当下，还是未来，都在世界各地的建设工程中频繁发生着，还是记住那个标题吧——"THERE IS NO EASY WAY"——"（品质控制工作）没有捷径。"

▲图1-21　最终安装完成

三 设计中如何控制
应用技术及部品设计工作

其实作为精细化设计的必备条件，在各个阶段都有对应的方案、技术设备、成本推敲是很关键的，也是很常见的做法。特别是针对那些大型复杂的公共建筑以及工业建筑的设计组织过程。

在传统的工业建筑设计组织中，整体的设计方案必须和加工工艺、设备订货密切结合，这一点可能大家都比较容易理解。无论你对建筑形体的思路多么跳跃，对室内空间的创意多么新奇，你都要首先满足工业生产工艺的要求，也都要满足加工工序的要求，而对应的层高、结构、设备、电气、给排水设置都应该准确地与采购安装设备相对应。如果没有精确的设备工艺要求针对建筑设计方案提出明确条件（而不是由建筑方案确定设备的标准），你所完成的建筑完全有可能是一个不中用的空壳。而在现代的大型复杂公共建筑设计过程中，业主代表、建筑设计单位、成本顾问公司、机电顾问公司、室内设计公司、幕墙设计公司、交通服务顾问公司等技术团队，从方案伊始就逐步介入，各司其职、互动深化的状况更是司空见惯的专业操作标准。而这类建筑设计中的建筑技术、成本比较及设备选型可谓是牵一发而动全身，没有确定的建筑技术方案保障，建筑方案以及施工图都无法有序深化，后续也更不用说产品的实现了。但是，针对在中国市场上最大规模的居住类产品，建筑部件和应用技术的角色却比较尴尬。可能是由于产品供需量过大，技术上下游行业疲于应付，无暇顾及精细化过程控制；或者是还存在有大量低端毛坯产品，对于成本投入和精细程度看似余地有限；也可能是对产品的组织过程的要求没有工业设计那么严格。总之，行业中普通住宅的部品与建筑技术设计与建筑方案的并行组织并没有有效推行。

其实恰恰相反，在技术领域中共性的、符合客观科学规律的方法是应该可以通行、习惯化的。无论是大师的奇思妙想，还是日常的设计创作；无论是高技派的大型公共建筑，还是普通的民用建筑；在进行建筑设计的同时，都应同步给予建筑技术及部品细节足够的关注，这当然也是完全可以实施的，特别是针对普通民用设计项目中有限的技术应用及部品部件设计更是行之有效。那么，如何通过部品及应用技术的逐步深化完成对建筑方案的辅助呢？以下我们就尝试描述一下在普通民用项目设计的不同阶段，可以实现的三个关键的材料部品清单，以及如何在这个过程中实现深度的产品控制。

1. 方案阶段的应用技术及部品清单（第一轮）

在概念方案之后及单体方案设计之初，就要有第一轮应用技术及部品清单，具体案例可见表1-1（本案例表单主要偏重于部品、材料研究，如果有应用技术的部分也可以同样进行并列或另行单列）。作为清单，首先应该全面，应涵盖未来可涉及的所有部品及应用技术科目分类。其次应有初步的参考意向或简要说明，这些其实是在很多概念方案创作初期都具备的条件，比如我们希望设计的立面风格如何，预期外墙材料是什么样的质感，再比如我们的方案会比较强调于室内舒适度的解决方式等等。当然，在这个阶段可以是尚未确定的，也可以是有选择范围或可参考的，但是作为一个对未来一系列相关工作密切相关的指导性文件，其前提要求就是一定要尽量全面。同时，对于技术部分，也应尽量有相对清楚的描述。其核心目的就是使方案的创作从开始就有施工组织、对应成本等边界条件在时间、可实施性、匹配度等方面加以量化控制。

并且，工程方面要在这一阶段配合每一项部件或材料未来的采购方式，还有对这项部件来讲最适宜的进场时间——也就是倒推出设计、采购需要最终确定的时间底线。同时，要促使成本部门辅之以简单的估算，当然这可以是某种形式的市场单价参考，也可以是对应其他以往合同价的参照等等。但尽管是估算，还是要尽量有的放矢。并且这些单项内容的估算应该是从整体成本控制概算中清晰分离出来的，其对应的组成部分应与工程建造费用中的土建（钢筋混凝土等）以外的内容相匹配，并可以及时判断其某个分项的设计品质要求与其预期的对应成本匹配关系是否合理。

2. 方案深化阶段的应用技术及部品清单（第二轮）

在方案深化阶段，就要有清晰的第二轮应用技术及部品清单。格式虽然可以相同，但清单上设计师涉及的部件及应用技术科目应随着规划、单体的深化，同步转化为设计图纸或材料选样，而绝不能还一直停留在设计意向或参考图片的状态。同时，设计师应有意识深入明确技术设备的标准、描述材料的性质及定义设计的深度。此外还应关注技术或材料做法的具体使用位置，以备下一步数量统计。

从未来工程角度来考虑，则要在这一阶段随着设计图纸的明确，进行材料的选择，技术产品品牌的比较确定，以及针对具体某单项部件的试样—制作—定样过程。之后，根据制作出来的成果对前端设计意图进行比对，供其调整完善。同时，如果有较为严格的成本控制和要求，成本部分要对之进行详细的测算，比较一下这项阶段成果与之前估算的成本差异是否可控，如果某单项科目超支较多，比如材料过于昂贵，或昂贵材料使用范围过大，则需要判断其能否在大的总成本分配清单中加以平衡，如果也无法整体平衡，则需要及时修改原设计及工程做法。同时，从成本采购环节来讲，这个阶段也可以通过这些环节充分研讨、熟悉设计标准，整体了解厂家资源，估算最终的大宗工程采购成本。这个过程虽然看似需要多花一些方案推敲的时间，但却可以极大提高下一步设计成果的精确性，使得整体效率大大提高。

施工图阶段材料部品品清单表

表1-1

序号	材料类型	材料名称	设计 材料性质描述及设计要求	面积或数量	方案确定时间	附图	材料品牌	采购方式	工程项目 招标时间	签约时间	进场时间	责任人	成本 目标成本	成本比较
一	结构材料	工程桩	多层为：1.砖混结构 2.异形柱框架结构。基础为沉降控制复合桩基预制方桩，桩长及大型详见施工图，混凝土图，混凝土图度等级C25		10/15	见施工图详图		甲供	9/29	10/10	10/28		××元/m³	同一期合同价
		成品烟道	250mm×250mm住宅复合式垂直集中排气系统		10/31	施工图		乙供	—	—	3/15	项目部	—	
		屋面瓦	采用朱青灰色或橘黄色双层欧文斯克宁瓦		10/30	施工图	欧文斯宁	甲指乙供	—	1/10前确定小样	3/10		××元/m²	同一期合同价
二	外立面材料	檐口线脚	白色GRC成品线脚及钢混凝土线脚		02/10/30	见施工图详图		甲指乙供		1/10	3/10	GRC按展开面积计算	××元/m²	
		雨水管及天沟	PVC成品天沟及雨水管，白色天沟，雨水管成与相邻墙面同色色涂料		10/30	见施工图详图		甲指乙供		1/10	3/10		—	
		铝合金门窗	1.玻璃为5mm浮法白玻，凸窗大固定窗及角窗选用钢化玻璃，凸窗局部及角窗选用5+0.38+5夹胶玻璃 2.选用双层玻璃边套		11/15	见施工图详图		甲供	12/20	12/30	3/10		双层玻璃；××元/m²，单层玻璃；××元/m²	同一期合同价
		单元入户门	1.尺寸为1500mm×2200mm 2.铝合金材质，5mm厚钢化白玻 3.亚光不锈钢扶手		11/15	见施工图详图		甲供	12/20	12/30	5/20		××元/m²	

续表

序号	材料类型	材料名称	材料性质描述及设计要求	面积或数量	方案确定时间	附图	材料品牌	采购方式	招标时间	签约时间	进场时间	责任人	目标成本	成本比较
二	外立面材料	外墙涂料	1.(英国ICI晴雨漆)浅米黄色外墙涂料,涂料至勒脚底,褚石色外墙涂料 2.楼梯外墙浅褚石色外墙涂料		11/10	见施工图详图	ICI	甲供	—	12/30前确定卡及涂色、涂布量	3/15	项目部	××元/m²	战略合作价
		外墙砖	入口处为(仿砖)褚石色外墙面砖,普通釉面砖拼色60mm×180mm		11/20	施工图		甲指乙供	—	1/10确定厂家	3/15		××元/m²	
		阳台栏杆	1.金属穿孔板 2.Φ50钢管扶手		11/20	施工图		乙供	—	—	3/15	项目部		
		阳台及复合磁砖	1.色系同相邻处墙面分别为浅米黄色和浅褚石色300mm×300mm仿古砖 2.阳台铝合金泛水收头用浅米黄色和浅褚石色毛面喷涂		11/20	见施工图详图		甲指乙供	—	3/10前确定厂家	4/30		××元/m²	同一期合同价
		单元入户平台	300mm×300mm浅米黄色陶面砖(同一期效果)		11/20	施工图		甲指乙供	—	3/10前确定厂家	4/30		××元/m²	同一期合同价
		进户门	1.尺寸为1200mm×2100mm(子母门) 2.底端8cm卖可剪氟,子母门1900mm,300mm分压板防盗门,喷塑钢门框		11/15	见施工图详图		甲供	1/15	1/25	4/15		××元/樘(含锚)	
		空调外机挡板	镀锌钢板方形金属穿孔板,相邻墙面色		11/20	施工图		甲供	1/20	1/30	3/15		××元/m²	
		玻璃雨篷	1.钢化安全玻璃 2.支架为钢构架		10/30	施工图							××元/m²	

序号	材料类型	材料名称	设计					工程项目					成本	
			材料性质描述及设计要求	面积或数量	方案确定时间	附图	材料品牌	采购方式	招标时间	签约时间	进场时间	责任人	目标成本	成本比较
三	室内材料	卫生间五金	厨房、卫生间马桶及洗手金一套		11/10	施工图		甲供	—	3/1	5/10	项目部	××元/户	核一期合同价
		开关面板	1.松本B_3系列 2.庭院设防水墙座		11/30	施工图	松本	甲供	—	3/1	5/10	项目部	战略合作商	
		冷热水管	PPR管		11/30	施工图		乙供	—	#	03/15	项目部	战略合作商	
		电表箱	要求过路箱、电表箱统一设置，多见一期标准		11/30	施工图	华氟	甲供	—	3/1	4/1	项目部	战略合作商	
		室内住户配电箱	见一期标准		11/30	施工图	爆花	甲供			05/10	项目部	战略合作商	
		弱电控制箱	安保、电视、电话、宽带一体化设计		11/30	施工图		甲供	—	3/1	4/1		—	
		可视对讲	组团加设可视对讲主机，住户内设分体机，组团入口为门禁IC卡管理系统，单元入口处不再设可视对讲机		11/30	见施工图详图		甲供	3/1	3/10	4/15		××元/m²	参照一期
四	设备	管道直引水	水头设在厨房内水槽处		11/30	施工图	管道纯净水	甲供	3/1	3/10	4/15		战略合作商	
		水电煤气配套	每户设立水电气表，其中煤气表及开通费用另行收取，水电表出户，每户客厅及卧室均预留空调机位及插座		11/30	施工图		甲供	3/1	3/10	4/1	项目部	—	

续表

序号	材料 类型	材料 名称	设计 材料性质描述及设计要求	设计 面积或数量	设计 方案确定时间	设计 附图	设计 材料品牌	工程项目 采购方式	工程项目 招标时间	工程项目 签约时间	工程项目 进场时间	工程项目 责任人	成本 目标成本	成本 成本比较
五	室外景观 硬质材料	信报箱	不锈钢材质，160mm×360mm(同一期效果)		12/15	施工图		甲供	—	3/20	5/20	项目部	战略合作商	
		垃圾箱	同一期标准		12/15	施工图		甲供	—	5/20	8/25		—	—
		门牌	铜质，罗马字体位置待定		12/15	施工图		甲指乙供	—	3/20前确定厂家	5/20	项目部	—	—
		雨水收集系统	地下多孔管(附工程管理咨询报告)		11/15	施工图				2/25	4/25		—	—
		人行道	素混凝土		12/15	施工图		乙供	—	—	7/10	项目部	—	—
		散水	600mm宽混凝土散水带上覆土		12/15	施工图		乙供	—	—	5/15	项目部	—	—
工程			×××	设计	××		×××		成本			×××		
签发														

3. 施工图阶段的应用技术及部品清单（第三轮）

还是这张清单，在施工图阶段，还会有第三轮应用技术及部品清单。在这个时候的清单上，设计部分已经随着上一阶段的节点图纸设计—选型试样—成本测算—设计完善—定样封样的过程，全部转化为构造图纸或材料品牌封样，技术性能说明及图纸设计可尽量多地转化到施工图中。随着施工图的有序完成，在施工图纸阶段已较少找到所谓参见二次设计的内容了，而且所有内容都是已经经过工程做法考验并与目标成本相匹配的。

在实际项目工程中，这一阶段也基本进入了施工准备期或施工期。工程为了确保品质、工艺和效果，也可利用这一阶段在现场操作实景样板，或工艺做法样板（这一项在后文有单独描述）。把所有做法在模拟的现场做真实比对，对现场可能出现的问题和解决办法再进行完善。同时这样深度的清单，也可以促进采购环节对上一阶段中已经确认的部分内容开始启动招投标程序，甚至可以提前确定一些品牌。同时，等全套施工图完成后，一些准确的数量也对成本核算环节及时编制清单提供了帮助。由此，整体技术方案的可实施性得到了最大限度保证，项目成本的可控性也会大大提高。

而在目前很多复杂的大型项目现场，对于材料、部件部品的过程把控，定样和试样过程的控制，现场所提供的应该是工程样板示范区的整体概念，需要对各类建材的多频次、多维度的比较过程。参见图1-22、图1-23。

通过熟练使用上述办法，我们可以有效地将事后发现问题彻底转换为有效地过程控制。总之，在施工开始之前，应用技术及部件部品设计和组织应该是有清晰、完整的阶段性成果。也就是说，在进行全部施工图设计的时候，我们不应才刚刚开始研讨我们可能会选择这样的外立面形式，或者那样的外立面材料；也不该对我们选择的设备、材料、做法等是否能够找到，找到了是否可以实施，实施之后成本能否接受等一派茫然；更不该直到施工图接近完成的阶段，还有大量的技术、细部、部品的缺、漏项没有考虑。否

▲ 图1-22　大型幕墙工程的现场样板区

▶ 图1-23　高品质住宅项目的现场工程样板区

则，对于应用技术和材料的变更以及效果的不确定，直接带来的就是施工图节点的不确定和缺失，后续成本、施工工艺自然也就成为空中楼阁。依次类推，整体建筑的效果和对应成本目标必然脱节。最终，要么效果不尽人意，要么实施成本失控。

2

第二章
设计流程
与标准

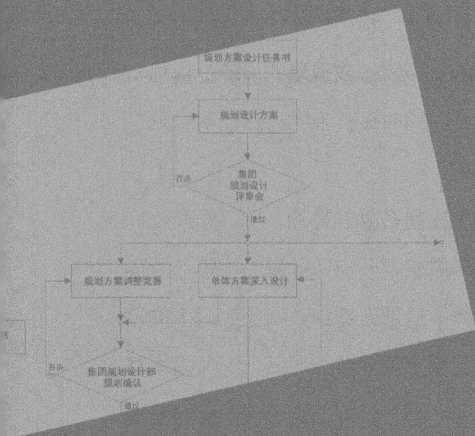

一　设计流程标准的概述

（一）为什么我们的设计深化工作总是无法顺利推进？

作为设计人员，我们在实际工程项目中都会面临这样的尴尬和困惑，我们的阶段设计成果似乎总是不能得到有序、顺畅的深化，方案总是在不断的修改、调整、完善、再修改、再调整、再完善……举步维艰，更麻烦的是每一步的过程似乎都是周而复始的。不断低效反复的设计进程也带来了大量的人力、物力、财力的消耗和浪费，同时设计者的思路也不断被打断、阻隔，最终可能影响了对于成果的把控。

　　当然，在这样的情况下，造成问题的原因是多种多样的。比如频繁变换的商业市场环境使然，很多诸如市场、客户需求、政府审批意见等等上游环节对于技术问题的反应都使得技术问题显得不再那么单纯。再比如时下的设计环境不尽规范，也造成了设计过程存在着极大的变数。诚然，这些因素都是客观存在的，而且很多都有着致命的作用。而设计师们则不仅要面对出现的所有问题，他们还必须在有限的时间内来解决它们。因此，设计经常是根据不足的信息做出的妥协的决定。但是除了一些似乎是我们不可左右的因素之外，作为技术组织者，我们是否对技术深化过程的控制就已经尽善尽美了呢？除了被动适应外界决策的变化之外，我们还能对各阶段方案创造的过程做出哪些有益的帮助呢？

　　在很多实际工程项目设计过程中，我们是否都曾有这样的设计思路推演的过程经历——在某个阶段，所有人似乎都在关注于阶段性文件的细节之中。比如在研讨设计方案的平面功能时，我们往往会更专注于动线、尺度、指标、室内的空间感受，从图纸顺序来看基本也是先以独立平面图为主，等到"完全满意"了，再考虑从单体平面到各层平面、组合平面等，之后才是返回来考虑组织立面、细部等其他因素。但是从整体来看，一个平面功能的实现和方方面面的关联度都是非常大的，比如前端的规划总图、竖向关系，综合指标就是必须遵循的线索；再比如单体自身的立、剖面关系，内部设备要求，还有空调、屋面雨水组织等都与平面的设计息息相关；此外，后续其他应用技术以及相应的成本测算也必不可少。而如果我们仅仅深入到平面本身而不能自拔，那么有时候就难免出现只见树木、不见森林的状况，其结果也必然是顾上了平面，忽略了立面关系，等待终于感觉整体都对应了，又发现经济技术指标和成本测算有出入，最终导致方案不断被迫反复。其实，我们上一节涉及的材料部品及应用技术清单的应用，也就是对于设计创意、成本测算、现场实施全过程、整体控制的一种有益尝试，也是对设计重要流程的一种完善。

37

　　这就像我们在初始学习素描绘画的时候，老师都会要求我们的作品能在各个时间段进行均质地深化。譬如人像素描，我们始终是在整体画面关系轮廓的基础上进行整体完善的。换而言之，这张画在某一个时间段一定是要尽量相对完整的，不同部位的刻画和描述应该密切相关。如果时间非常紧，它可能是一幅完整的轮廓草稿。如果时间稍微宽松些，它可能是一幅完整的速写。如果时间充裕，它就会成为一张完整的素描作品。同样，如果时间再多些，它仍然可以继续细化和完善。相反，如果我们过分沉湎于绘画对象某一精美的局部特征，而直接深入到某一细节之中，比如头发、面部的塑造，而忽略了整体的关系，这样即便你刻画了一个看似精细的局部，但是由于它已不知不觉中脱离了整体画面的相互关联，实际上它仍然是无法成立的。一张画作如此，一个建筑作品的创作过程就更是如此。

那么，如何做到能从工作伊始，从个人意识和成果要求上就尽量避免出现这样的状况呢？答案很清楚——尽量一次把事情做对！而有序、有效的推进就离不开各个明晰的阶段划分，以及每个阶段中清晰的设计标准。

（二）确定各阶段工作标准的意义与条件

毫无疑问，设计并不简单是一个单纯设计概念的自我创造和实现过程，它是一个涉及社会上下游行业、各个方面的综合价值活动过程。自古也有"土木工程不可妄动"之说，一方面说明工程项目往往投资浩大，劳民伤财；另一方面也说明工程项目牵扯面广，影响极大。从现代社会系统工程理论的角度来看，现代设计环节中的设计伙伴的多样性不断增加，这首先表明，对建筑设计组织起作用的人际关系的复杂性在提高。随着设计过程中接口数目的不断增加，不同的观点和利益博弈也在增加，相应地，可能出现的接口问题和冲突的机会也会随之增多。

由下表2-1中就可以简要看出，一个整体建筑方案设计深化过程所牵涉到的因素和程序是多么繁多和冗杂。

在设计实践中，问题通常不是产生于设计师的头脑中，而是来自上下游的客户。那些设计任务，即使是矛盾和错误的限定，通常也是由客户首先提出并表达出来的，但如果因此就认为客户会是一个同质、专业的群体显然是非常错误的想法。在很多商业模式中，许多建筑任务甚至是会由一些从未当过客户的人来进行委托和沟通的。在现代社会中完成一座建筑的过程，已经越来越多地被归结为指挥一种特殊领域的错综复杂的系统。因此，即使建筑师只是为了试图避免种类纷繁的活动的困扰，他们也应该具备完整地驾驭复杂网络的知识，并拥有清晰地阐释、引导内外部客户的能力。——而一套尽可能完善的技术工作程序，尽可能翔实的技术标准指引是一个有效设计组织的必要保障手段。

表2-1

住宅规划区设计管理控制表

设计内容	进度	设计阶段 时间	概念设计 1 2 3	方案设计 4 5 6	初步设计 7 8 9	施工图设计 10 11 12 13	设计、报审及其他相关联单位
规划总图设计 · 小区规划	景观园林	建筑布局					设计院、规划管理
		硬地、铺装					规划、景观师、广场砖厂家
		绿地、花园					景观师、绿化苗圃公司、园林
		泳池、喷泉					景观师、专业设备公司
		雕塑、小品					景观师、艺术院所
		环境灯光					景观师、灯光设计制作厂家
		环境音响					景观师、广播音响设计厂家
	道路	道路主体					设计院、交通管理
		道路修饰					景观师、专业构件生产厂家
	场地	普通挡墙、护坡					
		专业防洪堤、沟					水利专业设计、城市防灾管理
小区市政管网	给水	给水管网					设计院、自来水公司
		水池、泵站					设计院、各专业设备厂家
	排水	雨、污水管、井					设计院、环保局
		二级污水处理					
		循环污水处理					设计院、专业设计、施工公司
	强电	变电所(站、器)					设计院、专业设计、施工公司
		高低(压)配电					设计院、专业设计、供电公司
		电缆(线)管网					设计院、专业设计、施工公司
	弱电	电视(有线)					设计院、专业设计、施工公司、地方有线电视网、公安局、文教局
		电话					设计院、电信局(公司)
	燃气	燃气管网					设计院、燃气公司
	供暖	城市供暖					设计院、供暖公司
		小区集中采暖					设计院、专业设计、建造公司

39

续表

设计内容	进度		设计阶段／时间	概念设计			方案设计			初步设计			施工图设计				设计、报审及其他关联单位
				1	2	3	4	5	6	7	8	9	10	11	12	13	
规划总图设计	其他	安保	安保、监视														设计院、专业设计、安装公司
		智能	远程抄表														设计院、专业设计、安装公司
		生态	运垃圾处理														设计院、专业公司、环卫局
			噪声防治														设计院、专业公司、环卫局
			消防道路、管网														设计院、消防公司、消防局
			小区人防工程														设计院、专业设备、人防办
			小区综合管线														设计院、景观师、市政公司
建筑单体设计	建筑		建筑主体平立剖面														设计院、规划管理
		构造大样及专业安装	土建构造														设计院
			玻璃幕墙														设计院、专业幕墙公司
			成品门窗														设计院、专业门窗公司
			成品饰件														设计院、成品饰件公司
			专业墙面														设计院、涂料、板材公司
			石艺铁艺														设计院、石艺铁艺专业公司
	结构	地基基础	地基处理														设计院、岩土研究所复合地基
			基础设计														专业（桩、箱、复合地基）
			上部主体结构														设计院
		特种结构	空间网架														设计院、专业网架公司
			索膜结构														设计院、专业膜结构公司
			其他														其他专业结构公司
	给水排水	常规构造	给水管、池、塔														设计院
			排水管、井、池														设计院
		特殊设备	给水箱、泵、塔														设计院、专业供水设备公司
			中水、污水处理														设计院、专业污水设备公司

续表

设计内容	进度	设计阶段 时间	概念设计 1	2	3	方案设计 4	5	6	初步设计 7	8	9	施工图设计 10	11	12	13	设计、报审及其他关联单位
建筑单体设计	强电	常规电气用电														设计院
		专业动力用电														设计院、专业动力设备公司
		专业泛光照明														设计院、专业照明设备公司
强弱电及智能化	弱电	有线、卫星电视														设计院、有线电视网、卫星电视设备
		电话、电信														电信局、电信
		宽带网络														电信局、专业智能化设备公司
	智能化	安保、门禁														专业智能化设备公司
		远程抄表														专业智能化设备公司
		楼宇自动化														专业智能化设备公司
暖通	采暖	一般采暖														设计院
		集中采暖														设计院
	空调	一般空调														设计院、专业空调设备公司
		中央空调														设计院、专业空调设备公司
		消防专项设计														设计院、消防设备厂家、消防局
		人防专项设计														设计院、人防设备厂家、人防办
		其他专项设计														设计院、其他专业设备公司
室内装修		一般性装修														专业装修设计、施工单位
		二次精装修														设计院、艺术院校、专业公司
特殊设计的单项工程	形象工程	大门、围墙														设计院、景观师、装修师
		样板区、样板房														设计院、景观师、装修师
	配套工程	商铺、会所														设计院、单项设计师（单位）
		学校、幼儿园														设计院、地方教育局
文化风格、视觉识别系统设计																设计院、各类社会学、美学家联盟

续表

进度	设计内容	设计阶段 时间	概念设计 1	2	3	方案设计 4	5	6	初步设计 7	8	9	施工图设计 10	11	12	13	设计、报审及其他关联单位
		各阶段设计主要目标	项目、产品的总体定位			产品设计的内容确定			产品设计的优化			产品设计的最终定型				1. 对有特殊要求的设计内容，原则上要由专业公司参与或直接承接专项设计，从工艺、工序、材料上保证提高品质、降低成本； 2. 要求设计院及时、准确提供条件图，并负责对专业公司设计成果审查、归纳、协调。
		各阶段重点沟通内容	产品定位与减市肌理、市场目标关系			产品内容与顾客需求的关系			产品标准及专业协调、设备定购关系			产品精度与现顾客价值的关系				
		各阶段作业指导	概念设计作业指导书、沟通表、审查表			方案设计作业指导书、沟通表、审查表			初步设计作业指导书、沟通、审查表			施工图设计作业指导书、沟通表、审查表				

备注

1. 对设计管理原则上以规划、建筑为龙头，其他专业应密切配合，齐头并进。
2. 设计关系统表虽系很强的工作，各专业互为条件、互相制约，各个阶段的介入点有所不同，但应是专业互相有效衔接。
3. 进度莫色彩表明专业设计由浅及深的过程（黄色：设计条件分析、设计方向确立，与相关专业的实施落实；红色：设计方案深化，提供相关专业条件图，完成相关图纸系统布置、设备、材料表和预顾理件，材料表后期完成的，原则上不影响成本控制的设计工作。深红色：设计图的最后完成，建筑构造设计周期、节点大样图、设计小样图，设备、材料构造详图、预留孔洞，安装构造详图。）长短表明所需理想状态合理净设计周期。案多表示3个月正常周期外，需要后期完成的，原则上不影响成本控制的设计工作。
4. 表中所列特种专业项目，实际案例不涉及的可忽略。

二　设计流程标准涉及的过程与内容

（一）明确涉及工作内容的前后搭界关系

首先，要特别明确的是上文中表格内提到的关于外部界面的工作关系，很多技术环节实施的前提是外部条件必须得到明确和满足后，才能有效推进自身的技术工作。另外，要特别关注是那些涉及国内政府部门及垄断性专业端口的审批或审定工作的意见，因为这些内容往往会是决定性的，也就是很多人常说的关键路径，并且这样的沟通环节通常会较多且时间较长。但是如果不在这些环节上取得突破，很多工作本身的推进实际上就是非常模糊的。当然，为了保障这一过程的实施，就需要有很好的、系统的对外沟通、把控能力。这些对政府专业审查界面的报审环节工作也会涉及更多的相互联系内容，在此也是因为篇幅有限，就不再详述了。

（二）各个环节中的成果标准整理

在理清整体关系之后，最好能够梳理、明确工作程序，每一步工作的确认目标，以及为了达成这一步工作目标所需准备的资料，特别是说明这些资料的具体内容和标准。再者就是要明确各个步骤之下的前后因果承接关系，这一步要为下一步工作创造的必要条件等等。

在这种具体细节技术工作的推进过程中，如果你没有很强的整体意识和全局把握能力，切忌以跳跃、发散式的思维习惯来工作。比如在很多工程项目进展当中，某单体正处于深化设计过程，有些人可能会很快地从某一两个角度（比如大的开间进深尺寸，大的内外部动线关系、整体数据指标等等），即刻判定方案的某种设计修改思路似乎能够达到理想的要求，于是就直接深入到方案修改或确认部分，甚至将单体深化的阶段成果全部推翻，直接回溯到尝试方案原型整体修改。但是，往往后续经过一段时间的深化和比对就会发现，方案的其他内容，比如内部空间的尺度、外立面的变化以及其他结构、设备专业细节所带来的问题往往使得原始的设想矛盾重重。最后很可能的结局就是骑虎难下，甚至不得不再次推翻重新回到起点进行反复。上节所涉及的设计过程中材料部品的疏漏，其实就是设计创作过程中过于强调创意理念，而忽略了其可实施性的问题。

（三）流程化的推进过程

当然每个组织内部对于这类具体工作的指引很难做到清晰划一，缺乏经验和能力的个人的工作习惯磨合也需要一个漫长的培养过程。正是为了尽量简化这一可能造成反复的环节，我们建议对某些可相对简单、清晰的内部技术程序尝试进行固化——流程化。

流程化管理的目标非常明确，那就是要不断尝试把一个复杂、多解、长时间的设计创作及管理过程，分解成一系列清楚的"小事"；因为"小事"比起"大事"来，要求更清晰，执行更容易；管理更有效。当然仅仅会分解还远远不够，因为"小事"往往繁多且混乱。因此，还要明确这些"小事"之间的关系与次序，形成一系列的"步骤"，最终完成"大事"。在这个过程中，要特别明确工序间的逻辑关系，强调人在工序中的职责，并对其中的时间、质量、成本三要素进行控制，最终使大家一目了然。这样，大家对整体乃至细节的工作量从工作伊始就有一个清晰的整体认识，而后在实际工作中环环相扣、有效推进。比如下表2-2中对于住宅户型设计工作的分步指引。

住宅户型设计指引标准表 表2-2

	工作流程	确认目标	汇报资料要求
1	单体原型确认	1. 确定主要意向户型平面 2. 确定主要意向户型屋顶形式（平顶还是坡顶） 3. 明确主要意向户型下一步单体深化工作要点	1. 经工作小组讨论过的意向户型平面、立面 2. CAD图，A3图幅 3. 意向户型工作模型
2	单体方案初稿确认	1. 确定单体户型卧室、起居厅、厨房、卫生间等大的平面布局形式 2. 确定单体户型主要结构形式 3. 确定立面草案，并明确立面下一步深化要点 4. 确定标准组团	1. 单体方案初稿工作模型 2. 规划方案初稿 3. 主要规划技术经济指标 4. 单体方案初稿平立面 5. 单体方案初稿平面指标 6. 标准组团平面 7. 户型及标准组团为CAD图，A3图幅；规划方案初稿可为手绘草图
3	单体方案确定	1. 确定所有户型的单体平面，包括如下主要内容： A. 确定单体户型主要结构柱的柱位 B. 确定外檐门窗定位 C. 确定单体厨房、卫生间平面 D. 确定单体空调室内外机位设计、雨水管设计 2. 确定所有户型的单体立面，包括如下主要内容： A. 确定屋顶形式、檐口细节及标高 B. 确定阳台、露台栏杆 C. 确定空调百叶立面形式、标高	1. 单体方案工作模型 2. 规划方案 3. 主要规划技术经济指标 4. 户型分布图 5. 单体方案平立面，组合单元平立面，厨厕详图 6. 单体方案平面指标 7. 标准组团平面 8. 规划、户型、标准组团为CAD图，规划1:1000比例，户型平立面为1:100，组合立面1:200，厨厕详图为1:50
4	单体实施方案确定	1. 确定所有户型的单体平立面 2. 确定外檐材料 3. 门窗分隔形式及材质 4. 阳台栏杆、空调百叶形式及材质 5. 部品材料清单确认	见单体实施方案阶段成果目录
5	单体实施方案调整确定	1. 落实"实施方案确认"所提出的所有问题 2. 确定立面分色图	1. 实施单体模型 2. 立面分色图 3. 其他资料可根据项目确认要点提供

45

（四）重点阶段成果重点关注

另外，针对某些重要的关键工作节点，应该列支、备注更系统、完善的成果清单。最好能附以成熟的案例资料，以备大家随时查阅、参照。

比如对于规划住宅项目设计前期方案阶段的成果目录就应该包含以下内容：首先，《项目设计指导书》形成的过程文件。其中包含概念设计任务书；设计前期阶段工作计划；重要节点的审核意见。其次，概念设计方案文件。概念设计方案设计说明；综合经济技术指标表；产品分析图；总平面图；功能分区与产品分布图；交通分析图；分期开发示意图；组团基本单元分析图；配套设施分析图；景观分析图；景观视线分析图（可选）；日照分析图；坡度、坡向分析图（可选）；地形改造土方平衡图；住宅单体意向平面图；工作体块模型；效果图。最后，还要有项目设计指导书作为指引。理论上以上内容对于一个住宅设计项目的前期方案来讲都是必要的。

再举例，住宅规划区设计中的实施方案阶段成果目录，就应该至少包括规划建筑设计文件、景观设计文件、销售包装设计文件，以及其他相关部门涉及文件等四大类文件，而每一部分文件体系相互关联又各有要求。

1. 规划建筑设计类成果文件（其中又包含文本类文件和图纸类文件）。

(1) 规划建筑设计文本文件。

应该含规划设计任务书；实施方案阶段设计工作计划；设计单位信息记录表；方案招标书；有关内外规划评审会文件，包括会议纪要等；还有有关规划建筑设计节点评审意见；设计说明等项。

(2) 规划建筑设计图纸文件。

1) 总平面图。包含总平面布置图；总平面定位图；户型分布图；日照分析图；公共建筑布置分析图；道路及交通分析图；景观结构分析图；社区管理模式分析图；道路断面图；彩色总平面布置图；总体鸟瞰图；总体工作模型照片。

2) 典型组团。其中又有典型组团平面图、立面图、剖面图、效果图；典型组团工作模型等项。

3) 住宅单体。包含住宅单体平面图、立面图、剖面图、效果图；住宅单体工作模型照片。

4) 主要公共建筑。主要公共建筑总平面图；主要公共建筑平面图、立面图、剖面图、建筑效果图；工作模型照片。

5) 设备综合方案。管线综合图；结构梁板图；给排水管道总平面图；给排水主要设备材料表；给排水系统图；供电总平面图；供电主要设备材料表；电力系统图；弱电总平面图；弱电主要设备材料表；弱电各系统框图；暖通主要设备材料表；各专业户型平面布置草图。

2. 景观设计类成果要求 （其中也涉及文本类文件和图纸类文件）

(1) 景观设计文本文件。含景观设计任务书；景观设计单位信息记录表；景观方案设计说明；有关景观方案确定评审意见。

(2) 景观方案设计图纸。包括景观总平面图；彩色总平面图；交通流线分析图；景观视线分析图；绿化分析图；照明布置图。其他还有：主要园林建筑平面图、立面图、剖面图；表达重点景观构思概念及材质的草图或彩色图片；重点景观平面图、立面图、剖面图；重点景观效果图等一系列图纸文件。

3. 销售包装设计类成果要求

含独立卖场销售包装设计任务书；独立卖场销售包装设计方案以及设计方案评审意见；独立卖场示范单位销售包装设计方案以及方案设计细节评审意见。

4. 相关部门在本阶段的工作成果

首先是市场营销部门的工作计划。销售包装总体计划；独立卖场销售包装计划；独立卖场销售包装草案；现楼卖场销售包装计划。其次是物业管

47

理部门的意见。物业管理模式的建议及要求。再者，还有工程管理部门的意见。包括工程甲供物料表及项目应用技术研究实施方案等。最后，还有成本管理部门的书面意见，比如成本测算书等等。

最后一个例子就是更为详细的图纸目录成果。比如在设计方案中的住

某单体方案确认图纸目录表　　　　　　表2-3

分类	序号	图纸名称		比例
总图	1	项目总体总平面布置图		1：500～1：1000
	2	某分期总平面定位图		1：500～1：1000
	3	分期总图		1：500～1：1000
	4	分期户型分布图		1：500～1：1000
	5	居住区各级道路详图		1：100～1：200
典型组团或典型住宅单元组合	6	底层平面图、标准层平面图、屋顶平面图		1：100
	7	4个立面图		1：100
	8	剖面图		1：100
	9	分析图	管理示意图（可选）	1：300
	10		交通分析图（可选）	1：300
住宅单体	11	标准层及有差异的各层平面图、立面图、剖面图（需剖切到楼梯间）		1：100
	12	不同住宅单元入口放大平面图		1：100
	13	高层住宅户型放大平面图		1：100
	14	高层住宅交通部分放大平面图（标准层）		1：100
公建配套	15	公共建筑各层平面图、立面图、剖面图（需剖切到楼梯间）		1：200
其他	16	项目总体或某分期规划工作模型		1：1000
	17	各住宅单体工作模型		1：50或1：100
	18	各公共建筑工作模型		1：100
	19	项目总体或某分期鸟瞰图		
	20	各住宅单体效果图		
	21	商业及会所效果图		

宅项目的单体设计方案的确认过程，对于这个部分的成果要求就适宜用更系统、清晰的目录形式来整理，可以参见表2-3所列内容和分别对应的表单。

　　这样一个系列、明确的步骤进行设计指引，当然这其中也可以允许出现各个步骤中有难以归类的内容，这一点对于某些设计师的沟通也证明这种情况是正常的。在研究过程中我们发现，有些设计师的工作过程会跨越标准路线图中各定义步骤之间的界限。然而，虽然他们并不能清楚地回忆起过程中的重叠部分，但是却能清楚地记得如何从一个步骤到下一步骤的线路。由此我们也可以看出——系统、完善的流程与标准对于创造过程的重要性。

三　设计标准的逻辑与系统

49

如果说以上内容是对于从前至后，由浅入深的设计过程的标准整理，那么还有很多标准则是为了使某一类产品，譬如住宅，满足一定的品质和性能要求而设置的。而这些标准的推演过程则显示了一套标准体系背后的逻辑。

　　比如我们在推敲住宅室内空间尺度标准的时候，就可以考虑逐项明确以下问题，首先是确定不同住宅套型的功能空间构成，见表2-4。

　　之后就是梳理针对每种套型的不同居住空间内的家具布置及设备配置需求，见表2-5。

　　再之后，就可以依据家具的常见尺寸和人体工程学的标准推导出各个功能空间必要的面积、开间及进深尺寸了，见表2-6。

　　当然，空间的设计和推敲不会是简单的数字游戏，在实际的方案设计中

住宅套型与功能空间标准表　　　　表2-4

功能空间	住宅套型			
	两房	三房一卫	三房两卫	四房两卫
起居室（厅）	●	●	●	●
餐厅	●	●	●	●
主卧室	●	●	●	●
次卧室（1）	●	●	●	●
次卧室（2）		●	●	●
多功能室				●
公共卫生间	●	●	●	●
主人房卫生间			●	●
厨房	●	●	●	●
储藏间	●	●	●	●
主阳台	●	●	●	●
服务阳台	●	●	●	●

也可能出现这样或那样的丰富变化。但是，类似规律性的技术整理汇编，却可以使大规模的设计组织工作在国家相关规范标准的基础上更为便于掌握，也使得最低标准的成果得以保障。而实际设计项目中，不可预见的问题不单单只会出现在那些低标准的住宅中。这在笔者亲身的住宅消费体验中也是感同身受，即便是那些限制条件非常宽松、大面宽短进深的号称"薄板"的单元式豪宅，其主要卧室空间几近正方形，面宽大而不当，尺度浪费；而进深却局促得甚至还不足以摆放双人床及两侧的床头柜。等等问题林林总总，足见设计时对于空间标准把握的重要性。

此外，某项专业系统的设计标准也完全可以参照以上思路完成，比如住宅系统中的保温、隔热、通风，以及水暖、电气系统等等。表2-7中的内容就是根据使用功能的指导，对于住宅电气系统中的插座配置的梳理。

住宅室内配置清单　　　　　　　　表2-5

居住空间家具		住宅套型			
空间	家具名称	两房	三房一卫	三房二卫	四房两卫
起居室	沙发		L型布置	L型布置	U型布置
	边几	2	2	2	2
	茶几	1	1	1	1
	电视柜	1	1	1	1
	空调机　壁挂机				
	空调机　柜机	●	●	●	●
餐厅	餐桌	1	1	1	1
	餐椅	4	6	6	6
主卧室	睡床	1	1	1	1
	床头柜	2	2	2	2
	衣柜	1	1	1	1
	梳妆台		1	1	1
	空调机　壁挂机	●	●	●	●
	空调机　柜机				
次卧室(1)	睡床	1	1	1	1
	床头柜	1	2	2	2
	衣柜	1	1	1	1
	空调机　壁挂机	●	●	●	●
	空调机　柜机				
次卧室(2)	睡床		1	1	1
	床头柜		1	1	1
	衣柜		1	1	1
	空调机　壁挂机		●	●	●
	空调机　柜机				
多功能室	书架				1
	写字台				1
	休闲椅				1
	空调机　壁挂机				●
	空调机　柜机				

51

住宅室内空间控制清单 表2-6

各功能空间面积、开间及进深			住宅套型			
			两房	三房一卫	三房两卫	四房两卫
主要功能房间配置	起居室	净面宽（m）	3.6	3.6	3.9	4.5
	餐厅	净面宽（m）	2.8	2.8	3	3
	主卧室	净面宽（m）	3.2	3.2	3.6	3.6
		净进深（m）	3.9	3.9	4.5	4.5
		净面积（m²）	12	12	15	16
	次卧室（1）	净面宽（m）	2.4	2.4	2.7	2.7
		净进深（m）	3	3	3.5	4.2
		净面积（m²）	8	8	8	10
	次卧室（2）	净面宽（m）		2.4	2.4	2.6
		净进深（m）		3	3	3.5
		净面积（m²）		8	8	8
	多功能室	净面积（m²）				6
	公共卫生间	两分离	净面宽（m）	1.7		1.7	1.7
			净进深（m）	3.7		3.7	3.7
			净面积（m²）	6		6	6
		三分离	净面宽（m）		1.8		
			净进深（m）		3.8		
			净面积（m²）				
		干湿不分离	净面宽（m）	1.8	2	2	2
			净进深（m）	2.3	2.4	2.4	2.6
			净面积（m²）	4	4.5	4.5	5
	主人房卫生间	净面宽（m）			1.95	1.95
		净进深（m）			2.35	2.35
		净面积（m²）			4.2	4.2
	厨房	净面宽（m）	1.8	1.8	1.8	1.8
		净面积（m²）	6	6	7	10
	储藏间	净面积（m²）	0.6	0.6	1	1
	主阳台	净进深（m）	1.5	1.5	1.5	1.5
	服务阳台	净进深（m）	1.2	1.2	1.2	1.2

注：餐桌靠墙布置，须有至少1.2m×2.1m以上的L形墙面；餐桌临空布置，餐厅面宽净尺寸至少为2.6m。

住宅电气系统中的插座配置表　　　　表2-7

房间名称	插座功能	插座类型	数量	备注
起居室	空调	专用单相三极插座	1	
	普通	单相三极和一个单相二极组合插座一组	3	
	电视	有线电视插座	1	
	电话	专用电话插座	1	
主卧室	空调	空调专用单相三极插座	1	应设一个网络插座
	普通	单相三极和一个单相二极组合插座一组	2	
	电视	有线电视插座	1	
	电话	专用电话插座	1	
次卧室或书房	空调	空调专用单相三极插座	1	应各设一个网络插座
	普通	单相三极和一个单相二极组合插座一组	2	
	网络	专用网络插座	1	
厨房	冰箱	专用单相三极插座	1	
	排油烟机	专用单相三极插座	1	
	微波炉	单相三极和一个单相二极组合插座一组	2	合用
	电饭煲			
	消毒柜			
卫生间	洗衣机	专用单相三极防溅水型插座	1	
	电热水器	专用单相三极防溅水型插座	1	
	排气扇	专用单相二极防溅水型插座	1	
	浴霸	专用单相三极防溅水型插座	1	
	普通备用	单相三极和一个单相二极组合防溅水型插座一组	1	
餐厅	普通	单相三极和单相二极组合插座一组	2	
封闭保温阳台	普通	单相三极和单相二极组合插座一组	1	

四　设计标准的案例
——境外设计事务所的设计成果手册

对于长期信奉理性、科学的西方社会，完善的技术标准指引对于技术实现过程更是必要的保障手段。早在二战前后，欧美社会就已经就现代建筑的使用需求及性能标准问题进行了大量的研讨。这一点从以下的一个案例中就可以得到印证，英国政府在60年代就曾经大规模启动过一个研究普通家庭住宅需求的项目，并由帕克尔·莫里斯（Parker Morris）带头的一个委员会来负责执行。他们制定周密的计划，发放大量问卷，详细研究取证，最终的研究报告是一个成果手册，其中包含了超过200条的主要建议，之后政府出台的公房建设《强制性最低标准》吸收了其中很多内容作为设计要求。

比如下图2-1，"在水池两旁和灶台两旁应该设置操作台面。厨房家具应该以工作顺序去安排，操作台/水池/操作台/灶台/操作台，这个序列不应被门或任何交通打断。"这个合理的动线标准，至今仍是目前很多厨房流线、人体工程学设计主要的参照。而正是这些长时间的、点点滴滴的理性成果的积累，引导着发达国家科技、品质生活的进步。

| 工作台 | 水池 | 工作台 | 灶台 | 工作台 |

▲ 图2-1　厨房合理的动线——这一顺序不能被门或者交通打断Parker Morris所推荐的厨房平面变成了强制性规定

54

如今我们走进境外的大型设计组织中，也通常会有一类叫作设计成果手册"QUALITY PROGRAM DOCUMENTITY"之类的指引性文件，它们通常被称为"白皮书"或"绿皮书"。其内容主要是对各阶段的设计服务的程序和绘图标准作了详尽的指引和定义。这也是我们了解不同设计环境、不同设计团队工作方式的非常适合的切入点。这些模式其中一些内容和中国国内的运作模式比较类似，但是也有一些方式与我们存在较大的区别，比如以笔者接触到的境外设计公司的项目运作为基础，可以通过简要介绍他们的操作流程和标准来了解。特别是在设计这件事情上，在中国建筑师服务空白的范围之内，他们都做了些什么，具体是如何进行，并且是如何做得更有效率的。以下我们就其成果手册中的几个前期阶段的内容做一说明。而这些内容往往也是相对于国内设计院扩初、施工图阶段详尽的《工程图纸技术手册》、《施工图应用准则》来讲，是差异较大的。

第一阶段：配合业主制定初步的设计任务书（自身需求/成本预算等）

自己究竟想要什么，要自己来描述。这个阶段的设计任务书看来在任何国家，对于任何技术人员来讲都是关键的第一步。

第二阶段：前期策划阶段设计

1. 主要目标

在设计师和成本顾问的协助下，讨论建筑功能和预算，确定设计内容。

2. 合作模式

大型项目，业主组建自己的管理团队，直接管理各个专业。如果需要非常专业的公司配合，如剧场设计中的声学专家，则将聘请更多的专业顾问。比如我们看到的某艺术馆项目中，设计公司需要同时组织和协调三十多个合作顾问公司，这也为信息的同步传递和更新带来了更高的要求。

小型项目或业主不具备专业管理能力，业主直接全权委托建筑设计公司，开展前期规划设计。并且业主会雇佣成本顾问公司，其职责包括对设计和顾问费用的控制负责，所有相关设计费和合同均要有其签署和支出。无论是哪种组织方式，以建筑师为核心的项目运作模式都要求建筑师具备综合的专业知识和组织能力，这也是境外建筑师的显著工作特点。

3. 各方的职责

(1) 业主：根据建筑师提供的建议，明确自己的需求。根据成本测算，综合多方意见，确定整个项目的设计边界条件，其中包括所有功能需求的指标，成本预算等。如果一轮设计完成之后，各项指标仍然无法达成共识，业主要么调整其成本预算和功能需求，要么从开始新的一轮策划阶段工作，直到确定设计任务的所有内容为止。

(2) 其他专业顾问，负责专业部分的专业咨询和成本分析。

(3) 设计师和成本顾问公司：该阶段负责配合的建筑设计公司需要完成非常概括的初步研究方案，帮助业主和相关配合部门理解建筑基本形态，描述未来的效果，理顺需求与成本之间的关系。

前期策划及设计部分是目前中国建筑师较少涉及的领域。这个阶段又与国内很多项目的概念设计前期阶段较为相似。此阶段是将项目具体功能及需要从文字转化成图示语言的一个过程，并且可以通过这个过程帮助我们形成详细的设计任务书。在前期策划及设计阶段，设计师需要明确业主对于基本功能需求和内部的进展情况，熟悉业主的工作方式，确定应该按照什么方式和架构才可以为业主提供满意的服务。设计师还要收集资料，进行平面和空间研究，确定满足业主需求的功能配置及空间尺度，作为下一步方案设计的基础。

这个阶段的目标概括来说也可以是非常简单的，其最主要的成果就是明确业主要求的建筑形态和建筑经济技术指标。我们可以参考下文中的某境外公司在前期策划阶段的设计工作指引，来明确这个阶段建筑设计师的工作原则和内容。整个阶段大体可以分成四个部分：团队熟悉并研究客户的基本信息，——明确项目目标和业主组织模式，确定业主改建/新建的原因和主要的目标，搞清业主究竟希望得到什么，——详细信息收集和准备服务任务书的文件——汇报并完成。

在这个阶段要力图明确建筑服务的范围。要通过明确的设计信息管理（此部分在最后一章中另有描述），确保在设计阶段能够得到正确的信息，并尽可能深入确定建筑最后的设计成果。策划阶段同样要尽量去表达建筑物可能的效果和设想，清晰地定义设计理念，预判可能发生的设计问题和可能采取的解决方法。

前期策划阶段可划分为四个步骤：

第一步骤：

1. 首先要明确设计团队的人员构成及职责分工。概念设计团队应该包含决策人和可以自始至终参加规划设计阶段的人员。

2. 要尽可能地收集现有场地的相关资料和图纸。

3. 对业主提供的信息进行分类管理。

1) 整理业务通讯录，列出所有联系人的名字、职位、相关部门的联系方法，明确每个人在项目中的权利和义务。

2) 相关部门的详细信息，以及联系和沟通方式。

3) 提供现有部门的技术支持范围。

4) 预估出项目的整体预算和每个阶段的费用分摊。

第二步骤：

1. 内部讨论明确拟建/扩建方案的主要原因和目标。

2. 解释策划阶段方案的主要目标，明确业主对于建筑设计师的期望。解释为什么策划阶段是整个设计阶段的必要的基础和前提工作。

3. 利用图示标注不同协作部门和单位的分界，明确职责范围问题。

4. 开始收集整理项目中主要的涉及部门/应用技术/供应系统/周边相邻建筑物等信息。

5. 收集整理相关员工/档案/访客等信息，包括组织和个人的发送文件。当然主要是指关于项目状况的相关信息。

6. 必须与业主一起对现场实地详细勘查。

第三步骤：

1. 组织各个部门之间的沟通或组织对所有信息的综合评述。

2. 根据第一、二阶段收集的信息和与业主沟通结果，尝试建立建筑功能应用技术清单。

3. 建立周边现状表。

4. 建立完整的工作关系流程图并配合计划拆分。

5. 尝试根据常规的柱网初步对于方案的空间进行划分。

第四步骤：

1. 共享文档资料，并讨论反馈意见。

2. 继续与业主讨论，直到最终确定建筑功能布局。

3. 参考设计成果标准，签收策划阶段设计所有的文件。

4. 根据策划阶段成果开始方案设计，并随时注意按遵循该阶段的成果。在下一阶段的设计中尽量减少对于设计的修改，如果出现比较大的修改，那么就意味着可能在向错误的方向发展，或者主导的思想发生转变，策划设计阶段将不得不重新开始。

策划阶段的工作成果

1. 功能分析。泛指功能分析或者是问题专项报告，限定的目标和概念都是基于之前与客户方面沟通、汇总的信息，其中包括现在的场地状况、业主对于今后发展的期望等等，所有的这些成果都在项目的结束阶段得到对应的成果体现。

2. 空间分析。空间分析主要用于记录因为人活动行为需要的空间和因为项目本身需要的功能空间。

3. 相邻环境纪录表格/场地综合分析。

4. 设计项目的全流程图。

5. 人口情况分析。

6. 市政配套的信息。

7. 有关概念设计阶段的会议安排和记录信息。

策划设计功能技术清单见表2-8。

某医院改扩建项目功能技术清单　　　　　表2-8

儿童医院项目改扩建						
后勤办公室和门诊的面积指标						
清单	现有	项目使用时间		实际使用	单元的面积	共计	备注
		1年	5年				
后勤服务							
行政事务办公室	1			1	150	150	
科目	3	1		4	120	480	
办公室	1	1		2	120	240	
工作平台	1	1		2	50	100	
办公室经理	1			1	100	100	
后勤	2	1		3	80	240	
收费、提款等财务辅助设施	1		1	2	50	100	
公共办公区域	10	4	1	15			
门诊区域							
等候	30		5	35	18	630	
儿童游戏区	1			1	80	80	
进入登记	2			2	80	160	
离开登记处	2			2	80	160	
病例检索区	1			1	80	80	
标示系统	2			2	100	200	
检验室	9		1	10	120	1 200	
治疗室	1			1	160	160	
公共卫生间	2			2	50	100	
员工用卫生间	1			1	50	50	
交费处	1			1	300	300	
药房	1			1	80	80	
清洗处	1			1	80	80	
化验室	1			1	100	100	
应急室	1			1	10	10	
设备储藏间	2			2	40	80	
教室	1			1	120	120	
建筑面积总合						5 000	
建筑使用率						1.35	
总建筑面积						6 750	

59

由以上清单可见，设计师得到的绝不是一堆简简单单的数字，而是一套复杂的医院操作流程与功能需求之下的技术条件。设计团队通过内、外部一系列的有序工作，最终会得出业主数据化的需求——建筑形态及其对应的建筑面积指标，并以此数据为支持的设计任务书一起，一并作为下一步设计深化的依据。

第三阶段：方案设计阶段

首先，仍是要明确方案设计阶段的主要目标。

在设计任务书的指导下，由建筑师牵头，展开方案的主要构思设计，细化建筑的功能指标，明确所有建筑形态和基本材料，进一步深化成本清单。同时，结构系统和设备系统等其他专业也应该在此阶段界定。这也是设计从概念定义到精确定量转变的关键阶段。

在建筑师方案设计指引（guidelines）中，项目概念设计阶段的主要目标是对于下列区域进行深化的：

(1) 准确的方案规模与形态。

(2) 初步的方案协议与对应附件。

(3) 系统的平、立、剖面图纸。

(4) 初步成果的文字性描述。

(5) 专业说明。

(6) 规范分析。

(7) 初步成本概算。

(8) 流程图与计划。

(9) 耗能需求（对应环保、可持续设计）。

其次，要梳理清方案设计中的前提条件。

下文所涉及的先决条件、往来的文件清单和设计各个阶段的描述性文件，都将成为保障项目团队后续计划和设计的辅助工具，以保证整个设计阶段工作的开展。在特殊的项目或特殊情况中，项目设计经理、项目建筑师、设计师可以根据自己的看法去修改或整理这些文件，但需要注意的是必须要遵循合同的条款。而下述所有内容均应该作为前提条件，在方案设计阶段开始之前得到确认。

(1) 确定的项目设计任务书。

(2) 设计方案的成本预算。

(3) 详细的计划：包括业主需要的计划、内部工作计划、规范和地方强制性条文的研究、建造成本预算、当地设计资源等项的信息整理。

(4) 对于整个团队工作职责与分工的清单。

(5) 对设计范围和内容的审核。

(6) 对于可持续设计的要求。

再者，就是方案设计阶段的过程描述。

为了使工作更有条理性和组织性，方案设计阶段仍可被定义为以下四个步骤。当然根据一个完整的方案设计和成果标准，每个阶段的工作任务也可以同时开展。

第一步骤：

1. 组织项目建筑师对于设计规范进行深化研讨，重点要考虑那些必须遵循的地方的范围和程度，也就是要明确设计规范控制的范围。这里并不是指对设计规范无期限、无原则的突破，而是系统地结合方案、建筑技术、新部件工艺做法探讨可以创新、尝试的地方，这部分工作也会在一定时间段内结束。

2. 检查建筑空间的大小是否满足功能和使用的需求。

3. 检查周边环境的功能、交通流线等。

4. 用明确的流程图表达建筑的功能和流线关系。

5. 详细的方案设计计划。

6. 现场施工过程流程图。

7. 检查建筑能量消耗需求并写进设计建议中。

8. 检查建筑的可持续设计目标的发展方向。

9. 提供可持续性设计的模型和耗能预算。

10. 完成方案的内部审查。

第二步骤：

1. 再次确认设计要遵循当地规范和建筑法规，并完成所有有关结果的修订。

2. 明确工程造价，即每平方米的预算单价。

3. 对应的技术及材料清单，从可持续设计的角度来审核已完成的内容。

4. 归纳、整理有关业主的意见。

5. 业主确认的设计计划；业主确定的设计费用预算。

6. 关于建筑外观的设计构思和主要室内空间的草图构思表达。

7. 顾问结构工程师的关于结构体系的建议。

8. 顾问设备工程师对设备系统的建议。

9. 其他顾问公司的建议。

(1) 勘测勘查报告（Surveyor）

(2) 地质报告（Soils Engineer）

(3) 景观设计概念（Landscape）

(4) 室内设计概念（Interiors）

(5) 厨房专业设计概念（Kitchen）

(6) 灯光设计概念（Lighting）

(7) 噪声声学专家意见（Acoustics）

(8) 其他顾问公司的报告或意见（Other）

10. 安排设计团队中的设计说明编制人（关于设计组内部人员职责划分，后文有述）开始详细的项目设计说明组织工作。

(1) 项目初步工作成果的描述，并要明确基本材料组合，具体内容可以参考方案设计工作指引。

(2) 决定设计详细说明的大概格式。

(3) 完成内部校对。

第三步骤：

1. 需要业主对第二阶段完成的设计成果、材料清单等提供意见。

2. 在根据业主的反馈意见和内部审核意见，修改并完成方案设计阶段的文件。

3. 完成最终的内部成果审查。

第四步骤：

1. 正式向业主完成汇报，业主确认概念设计成果，并支付费用。

2. 统计概念设计花费的工作时间。

3. 公司执行董事证明概念设计已经完成，向公司管理层汇报项目完成情况和预算。同时确认项目将进入方案深化设计阶段。

最后是具体方案设计的成果标准。

下列清单中所有的文件均基于某境外公司设计项目方案设计阶段图纸成果的标准。

1. 项目总图或者是总平面图：要求清晰地表示场地高差、竖向关系，主要控制尺寸、朝向，主要区域标注、建筑物相互进退关系、主要经济技术指标、基本功能要求等等。同时必须要对涉及的规范进行明确的解释和表达。

2. 系统的建筑平面图。

3. 建筑立面图，必须要标注主要的立面材料。

4. 建筑总体剖面图，（如果可能）要尽量保证比例。

5. 建筑模型和效果图。

6. 项目综述。包含建筑、结构，场地，总体描述和要求。

7. 设计成果的说明与描述。

8. 设备系统描述和确定的每个空间的功能和需求。

9. 充分考虑项目可持续设计的专题报告。

10. 初步的工程造价评估报告。

11. 初步的规范分析和总结。因为不同区域的规范差异较大，规范的分析要求在方案设计阶段进行。由设计团队和规范专业组决定要总结的规范的条目，其规范总结的报告应该包含在方案设计的文件中。规范分析的目的是明确规范，避免因为错误的规范和理解而浪费时间和费用。规范分析要求列出所有相关规范的章节和与项目有关的详细条文解释。一旦整理完成，项目团队就必须在设计阶段保证按照此规范执行。

12. 项目基本状况备述，包括设计公司时间、二级计划和下一步扩初设计的服务建议书、成本预算和工作方案。

大家从中不难发现，在这其中的很多内容和条款，和本书其他前后篇章中的很多科目都有对应。例如前文涉及的设计与应用技术的关系、整体方案设计与部件设计的关系，等等。其实在技术领域，无论国内还是国外，无论甲方还是乙方，无论大师或是新手，其面临的问题都是相通的。而设计者要应对这样的矛盾，不仅需要创作思考的手段，同时也需要更为严谨的管理方法。设计管理流程与成果标准指引，就是通过对设计工作的一系列"步骤"和"阶段成果"，明确界定，统一要求，从而尝试对设计工作过程进行科学管理。正如斯隆管理学院的莱斯特·瑟罗的那句话所昭示的："在21世纪，持续的竞争优势将更多地出自于流程技术，而不是新产品、新技术"。

3

第三章

设计与成本

一　设计与成本，一个不可回避的话题

职业设计师的工作性质决定了他们更多的时候是为别人而非自己在设计。他们必须学会理解那些他人看来是很难控制的问题，并创造出适合的解决方法。要完成这样的工作，单凭对色彩、形式或者体量的感觉是不够的，其所要求的必定是更大层面上的限制条件和技术组织手段的保障。

比如，在现在的市场环境下，设计方案的实施是离不开日趋严格的投资审核与成本限制，这应该已经是很通常的观念了。虽然市场上仍然不乏偶有某某大师、某某泰斗级别的作品声称忽略或甚至可以不计投资地惊艳亮相，或者也还是不乏听到设计师这样的牢骚："要是我能像他一样得到那么大的投资支持，对作品有那么大的话语权，我的作品比他的也不见得差到哪里去"云云。但应该承认，时至今日，即便是像鸟巢、国家大剧院等这般的国家超级重点形象工程项目，在越发关注成本问题的今天，也会常常面临工程投资问题的考验而不得不修改设计的局面。而在普通的民用建筑设计过程中，以目前的国情现状考虑，成本更是必须要考虑和尊重的重要因素。

在现代企业管理中，成本领先策略是企业竞争策略中关键的一步。其管理的宗旨就是以经济合理性最大的成本来提升产品的竞争力，并形成行业成本优势。而成本管理在项目开发企业中则可具体针对以下八项内容：土地成本，开发间接费，开发前期准备费，主体建筑工程费，主体安装工程费，园区管网工程费，园林环境建设费，配套设施费，其中前两项可称为非工程成本，后六项则称为建造工程成本。也就是说，一个开发企业要发展壮大，就必须在提高

◀ 图3-1 具备屋顶开启功能的国家体育场（鸟巢）概念方案

◀ 图3-2 现场施工中的国家体育场（鸟巢）（屋顶部分方案修改）

其竞争地位的同时，不断探求有效控制以上八个方面成本的途径。

前文提及的设计程序上组织的优化概念，特别是要提前引入应用技术及部件材料的有序管理的工作，其中最重要的目的之一就是期望把开发前期准备费（设计投入和效率），与其他建造成本（主体工程、主体安装费等）之间建立更密切的联系。也就是希望设计师能在专注于设计创意的同时，在设计伊始就能有意识地把握好作品的细节，并可有效地逐步深化，以适当、可控的投入实现未来产品的效果。当然，设计与成本是一个非常复杂的话题，其间包罗宽泛，各个环节各个专业都有涉及，并且几乎贯穿产品从设计到运营的全过程始终。应该说，在现代经济学体系控制下的设计过程本身就是一个完整、精细的经济价值活动过程。而既是经济活动就自然会有价值实现的规律，就会有价值的管理原则、方法以及相应的管理工具。如果仅以本书有限的篇幅试图完全展开其中的各个方面，一定是非常困难的。但这仍不妨碍我们以上述开发成本中的几个方面为例，尝试总结一些客观规律，提炼那些能克服现有限制条件的设计组织手段，探索一些科学的技术管理小方法。

二 设计成果是怎么转化为工程造价的

首先，在展开整个话题之前，让我们来看看如果把原始的设计成果和最终的工程造价环节相结合，会是一个什么样的状况吧。目前市场上，从设计到工程实施乃至最终价格结算过程之间，是需要通过一系列的价值活动来把设计成果折算成可控的部分工程费用或直接转换成合同价格。而工程项目造价粗略概括来讲，主要是通过以下三种方式来确定合同价格的。

第一类方式，费率招投标确定合同暂估价，图纸确定后再调整合同价。

具体操作的方法：通常是没有详尽的图纸，工程合同价是暂估的，后期合同价调整过程是经过咨询公司编制、成本审核等各方核对而出的。到结算价时再来调整三材的价差，最终核定价格。

此项操作的弊端也是显而易见的。首先，总价其实始终是个不确定值，对于项目最终的工程价格没有清晰的标准。合同价调整时，因施工单位已完成了部分工作，增加了讨价还价的难度，也增大了最终有效控制成本的难度。其次，对于设计工作而言，匆忙开工，甚至是大量的边开工边设计，因为图纸不细导致施工过程变更多，增加成本；并且对于不合理的技术指标（如钢筋含量、钢筋混凝土含量）往往无法及时发现，或者发现后已没有修改的可能。再者，结算核对工程量时易发生纠纷，核对时间冗长。而且，施工方往往可以以难度高、时间紧为由要求提高变更工程单价进行核算。

第二类是总价招投标定价，也就是工程量清单招标。即在工程招标时由招标方根据工程量计算规则，提供工程量清单，各投标单位根据自己的实力，按照竞争策略的要求自主报价，业主择优定标的招标定价方式。

操作方法上要求编制详细的招标文件（含全套精细化图纸、图纸答疑、交房标准、材料暂估价表、合同等等），对报价内容和格式进行统一。工程量清单计价有以下特点：首先，综合单价，简单明了，更适合工程的招投标。其次，统一的工程量计量规则使得量价分离，单价由投标单位根据市场行情和自身实力报价，并推行合理低投标中标法。再者，过程文件具有合同化的法定性，即中标单位的报价可直接作为合同附件。这样操作当然对图纸和技术控制能力的要求较高，因为如果图纸和产品标准发生大量的后期变化，则合同价又需要重新调整。

第三类还可以通过议标定价或直接委托。对于垄断类行业或具有特殊性的工程，通过双方议价确定合同价。操作方法是往往要事先确定施工单位，之后采用邀标的办法进行比价，同等条件下优先考虑。当然这样的弊端也很清楚，设计条件模糊，标的价格控制比较困难。

在这其中，我们特别有必要就第二类，也就是清单招标进行一下简要分析和横向比较。工程量清单报价是国际上普遍采用的工程招投标方式，已有上百年历史，规章制度完善成熟。我国加入了世界贸易组织后，我们的经济行为要符合WTO规则和国际惯例。因此，利用工程量清单计价模式，通过市场竞争形成并通过合同形式约定造价，将成为工程定价最基本的特征。

69

工程量清单招标的优势与特点：

(1) 有利于工程造价的控制和管理，节约成本。

工程量清单招标使得成本降低的主要原因在于：

1) 投标单位风险保留余地减少。由于提供了详尽的图纸和工程量清单，投标单位可以清楚地计算自己的消耗和收益，从而报出其最合理的相对低价。

2) 工程量计算结果会相对准确。工程量清单招标时所有的投标单位、咨询公司各方都可以就图纸计算工程量，可多方进行比较。

3) 投标单位超报工程量将受到约束。清单招标时，由于有竞争，投标单位不会故意加大工程量；而费率招标施工方申报结算时总会想法多报工程量，虽然可约定惩罚手段，但还是会有小比例的超报现象。

综合来看，由于采用综合单价方式，使竞争更加充分，可由成本事后控制（结算）为重点变为以事前控制（招标）为重点。

(2) 提高工作效率。效率的提高主要体现在进度款、变更核定、结算三个方面。由于前期图纸确定，工程总价准确，故在支付进度款时效率大大提高。综合单价已确定，所以设计变更的核价也会较快。而减少了结算时的工程量核对时间，结算时间也可提前。

(3) 便于成本数据积累，容易形成成本数据库。工程量清单和综合单价计价方法有利于企业编制和形成自己的企业定额，可直接形成成本数据库。另外，借助电脑可方便地实现成本数据的查询和共享。

(4) 减少设计变更，防止经济技术指标脱节。当然，如实行工程量清单招标也会有充裕的时间审图，能发现一些设计失误，减少施工中的变更；并且还能计算出各种技术经济指标，便于及时调整。

(5) 利用资金成本优势，相对降低成本。此外，因工程总价相对准确，故可以提高进度款的支付比例，促使投标单位可以进一步让利。而通常甲方融资渠道多样，融资成本往往比施工方要低。

(6) 人为谈判减少，结算错误与职业风险降低。工程量在投标时已通过计算和竞争的办法确定，每项工作内容的单价也已经数字化，不再只是一个简单约定的计算规则（费率招标），不必过分依赖于预算员的水平和责任心，故能降低职业风险。

(7) 当然，清单招标程序是需要一定的时间和工作量（从出图后开始计算至少需要约月余时间）。首先，合作单位考查、资格审查，确定投标入围单位（可在招标前完成）——向投标单位交底（明确施工合同、招标文件、工程量计算规则，这项也可以在招标前完成）——图纸完成交投标单位和咨询公司计算工程量——咨询公司计算完毕后经过初步审核后，交投标单位校核工程量，同时再进一步复审——投标过程中组织答疑，对审核出或投标方提出的确属工程量计算错误、漏项的作统一调整——施工方编制投标文件——回标后评标，初步选择中标单位——询标——最终定标——签订合同。

综上所述，我们不难看出，采用哪种工程合约方式与图纸的提供时间和完善程度都有很大的关联。而目前民用项目中的绝大多数，如果为成本控制，那么选择总价招投定标，或者说是清单定标作为原则是最为可控的。这也就是要求，设计的完成时间必须前置，并且图纸必须尽可能完备，其中不仅仅是完善的平、立、剖面，节点大样图纸等等，还必须有清晰的做法标准、材料选定等内容，并且越精细越好。一如上文中提及的部品部件设计所言，最好很多部品、材料等项已经确定并落实在合同造价当中。而对于设计成果来言，完整的土建工程或者说钢筋混凝土工程仅仅代表了一个产品的基本粗略空间形态，恰恰是这些细节的处理和材料的表现异乎寻常重要地影响着一个作品的最终效果。所以实施工程量清单招标，推行工程量清单计价是对原有定额计价模式的改进，也涉及设计成果标准的大幅度提高。

三　设计与工程成本的关联

设计师们在聊天的时候经常可以自豪地宣称，我们的某某设计中标了，一栋栋公共建筑因此拔地而起，功成名就。某某开发项目是我们一手设计完成的，商业住宅项目也因此大卖，赚得钵满盆满。然而，这些都是真实的、由设计师实现的利润吗？

其实大不尽然，以目前市场上的商品住宅为例，从项目开发的角度讲，很多利润的实现过程很大程度上都得益于中国快速城市化过程中的土地溢价过程。特别是那些位置位于城郊结合部的大型分期开发项目尤为明显。几年前的楼面地价是数百元，但几年后随着城市化进程飞速发展，周边地价就可以变成几千甚至几万元。以目前社会颇为热议的房价飞涨，地产开发商屯地的话题来看，有的土地价格甚至可以达到五年内价格上涨十几倍的惊人状况。因而从开发成本角度来看，如果不能通过设计、工程、销售环节实现更多的、超越土地增值的价值提升，那么，多花这么多人力物力财力来设计房子、盖房子、卖房子，还不如干脆直接卖地来得划算，这就是一个很尴尬的状况了。而且更严重的问题是，如果你无法尽可能多地创造价值，或者说设计产品创造的价值增幅还赶不上土地增值的幅度，那么结果就是多卖了其实不是优势反而是劣势。

那么结论也就是要求我们必然要精细化地控制设计的过程，严格将设计的成果与成本目标相结合，尽可能最真实、最大幅度地创造设计投资的价值。虽然本节仍以关注设计管理及其评价工具为主，刻意不涉及那些有关方案创作和设计手法的内容，但有几个与建造工程成本控制相关的题目和工具，若了解会有一定帮助，与大家分享。

（一）规划设计

规划设计是成本控制的第一步，也是异常重要的一步。有一种说法——规划阶段就决定了整体设计阶段成本控制的**70%**。因此，一切皆由总图（含规划指标对比表）而起，是毫不夸张的说法。那么，即便我们刻意不多涉及那些设计创意的部分，而就那些可以量化的控制方法做一些列举吧。

1. 资源利用分析图（含内、外部资源利用比例分析表）

设计方案的优劣很多时候都被冠以抽象空间感受和艺术体验。其实，在很多设计项目的评价体系中，大可利用量化的评分体系来明晰。在这些方面，往往负责市场的人士会有更大的发言权，在这里也应该更大地发挥他们的优势。而设计师则通过"拉高拍低"、场地价值分析、用地强度分析、不平衡使用容积率等方法将规划价值加以量化，再将项目总图的价值直接分块、排序、打分。比如好地段的商业面积是寸土寸金，绝不能放过的；首层和二层的商业价值可以直接用预期的商业售价或租金来区隔；同时，对于住宅社区，也需要资源利用最大化，对每户的资源占用可能进行统计，尽可能扩大优质资源户型比例。

2. 首层总平面图（含"亲地"住宅及首层商业分析指标表）

容积率是通过政府控制性详规过程中的设计与测算过程，得出的地块的用地强度，具有一定的科学性和强制性。而损失掉可售部分的容积率就等于白白扔掉一块利润——至少是未来形成利润的可能，这一点也是很容易理解的。而在可操作的范围内，优先考虑将那些不占容积率的地上和地下空间，变为有销售价值的面积。同时，强调规划方案在用足建筑密度的前提下，增加亲地户型的数量。这样，首层户型（赠送私家花园）往往会成为项目卖价

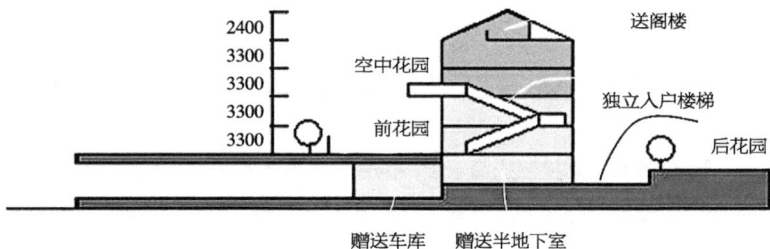

▲ 图3-3 多层住宅产品的赠送原则

最高的户型。同理，还可以尽量将二层和三层加入到"亲地"的楼层，提升价值（见图3-3）。

同时，还可以考虑对某些特征的产品，尝试将其周围的绿地尽可能划给私家，以增加其价值。

3. 出入口及物业关注要点分析图

规划与物业管理的有效及时互动已逐渐成为方案合理性的重要标志。通常方案前期物业就要介入对方案的评议，我们仅仅就一个住宅区规划方案的出入口设计为例，每增加一个出入口，就至少增加6个保安（三班倒）。例如在成都，以每个保安每月的工资为3000元为计，这样每年就将增加21,6000元的物业人工工资。所以，两个相邻地块的入口应尽量相对，便于两个相邻地块人员的步行交通。同理，同一个地块的车库与人行入口尽量统一，便于物业减少管理人数。一般以入口为原点100m范围内不应设置第二出入口为控制原则。

当然，这仅仅是对物业最直观的影响，如果想规避类似问题，就应在国家相关规范的基础之上，不断总结物业服务的经验，并从后期维护、使用及便利客户的角度，提出在规划设计阶段需关注的要点。在规划设计确定之前，重点强调与增加设计要求，规避后期重复性改造，降低后期物业维护成本与管理难度。其中有些必选项是影响物业使用功能的重要配置，而其中很多恰恰又是容易被忽视的。

(1) 车道建议尽量不要使用石材和砖，多铺设沥青路面。车道出入口处应预留防雨水的积水沟，设置积水井。人行主要出入口设置雨篷，方便安装防尾随设备，如设计有自动扶梯，自动扶梯也需设置雨篷，保证设备正常运行。

(2) 小区外围围墙的高度不低于2.5m，围墙尽量采用混凝土砖结构，顶部平直并应设计防爬倒刺，围墙如采用通透式围栏，上端应安装尖刺；栏杆间距小于0.01m，选择栏杆材料时，应充分考虑其强度能够防止人为撬坏。

(3) 高层每层公共部位至少应设计一处电源接线插座，该插座电源应设置控制开关并将控制开关安装在强电井内；每个楼道设工作插座和开关；公共电源插座和开关要求安装在可上锁的配电箱柜内，以便于日常使用维修。

(4) 高层每隔3层可在水表间设置小水池，设取水、排水口，方便清洁使用。

(5) 发电机房、高低压配电房、水泵房、泳池机房、空调机房、值班室等室内地面应铺设防滑地砖，满足管理要求。

(6) 配电房应加装防鼠虫、防水台阶，高度为0.5m，与水泵房同一位置或较低位置布设的供配电房应在配电房内增加应急排水系统，防止配电房被淹；配电柜母线排应套绝缘套或刷绝缘漆，防止相间短路。

(7) 首层电梯厅的大门应设置门禁，并配置楼宇对讲，门禁、对讲与户内、监控中心联网，方便核实来访人员。

(8) 地下室每层每隔一定距离设置排水口及地漏，方便地下室清洁。

(9) 电梯厅地面与电梯门地面应有一定坡度，电梯口做0.02m的放坡处理。

(10) 地下车库、架空层进入电梯厅的通道，应设置门禁，增设通透式门扇。

(11) 电缆沟应有防水设计，特别是进地下设备房，采用从高于地面处进入设备房的反U型设计，因为直接从地面进入，防水难度很大，日后修补不易。

(12) 管理用房设计要求：配电设施：引入配电箱，供管理用房办公、照明单独使用，顶棚设置照明吊灯电源接线盒，控制开关设置管理用房入口处；墙面设置电源插座，供办公电脑、复印机等使用；空调安装位置设置电源插口，供空调室内机使用；网络设备设置网络接线口，供办公使用；电话接口，引进电话线供办公使用（至少3路）；消防设备：根据要求安装消防设备，烟感、温感；给水设施：管理用房要设置给水管道，保证正常用水（一、二层分别安装取水口）；管理用房要设置消防喷淋设备，具备分布合理的喷淋头；排水设施：管理用房要设置排水管道，保证正常污水排水（一、二层分别安装排水口）。

(13) 垃圾房设计要求。通风：开口应面向小区外部，垃圾房应保证通风良好，顶部及侧面要用绿化作物遮盖、美化；照明配电：垃圾房应引入照明设施，保证工作所需要的照明；给水：垃圾房应引进给水管道，保证地面垃圾痕迹能及时清洗；排水：垃圾房应具有排水设施，引进污水排放管道，保证清洗污水正常排放；垃圾分类分区：垃圾房需具备垃圾分类存放功能，至少要有4个分区。垃圾房、污水处理站透气孔等臭味源位置尽量远离住宅。

对于复杂的商业类型项目而言，除了满足商家的需求外，同时满足后续运营阶段物业管理的要求就更为重要。因此，合理的方案组织在设计阶段就会引入物业及运营管理团队，并全程参与设计。物业及运营管理团队从自身管理要求出发提出要求，其要求会涉及：管理思路、管理标准、实施细则等项；如车库管理方式、推广需求、商业活动需求、后勤总钥匙系统管理思路等各个方面。随着方案的深入，物业及运营管理团队还需要进行设计图纸审核，提意见（根据情况可反复沟通多次）。并随着开业运营的展开，持续跟踪、监控、反馈、优化其方案。

4. **整体横纵剖面及地下车库平面分析图**

地下室作为巨大的工程成本投入是显而易见的，而且车库、车位作为可售（租）的部分往往要到项目销售后期才能陆续具备热销的可能。因此，如果地方法规允许，在不占用容积率、不计建筑密度的前提下，可尽量尝试将车库抬高甚至到（半）地上一层。这样的做法可以有效减少埋深，减少土方工程量，减少地下结构、地下防水等一系列工程量。

另外可以考虑优化车库柱网，特别是小柱网的尝试，这将大大有助于提升车库使用效率。并且还要问问自己，干人指标对于车位的条件是否用足？地面停车的布置是否充分？本地有没有将摩托车、自行车折算进汽车停车数的规定？地下室是否布置了子母车位？等等。当然，最终的目的只有一个——将车库面积/车位数尽量控制在普通地下室35m²/车位，人防地下室40m²/车位以下。

5. **配套用房布置图及架空层分析图**

在居住区规划当中，对于非可售面积并占用容积率的，应严格控制。比如物管用房、会所、垃圾站、居委会等配套建筑面积，都应以尽量少占用容积率为原则。比如会所的室内泳池、健身房、娱乐室均在地下一层，还有像网球场等大型场地，也可以下沉处理，布置在地下室底板上。同时，会所配置、架空层的设置要和项目定位一致。比如，前期作为售楼处使用的会所，如果未来有对外经营的需求，则其应布置在沿街位置，便于对外经营。

（二）建筑设计

建筑设计的平剖面关系是涉及方案设计中的基本组成部分。市场上对于普通民用设计项目的创意、设计手法也是层出不穷。而我们在这个提倡设计理念创新的时代中，不妨再就方案之中的几个有关建筑设计的小规律重申一下。

1. K周值

在相同的建筑面积情况下，建筑的平面形状不同，建筑周长系数 K 周值（外墙长度／建筑面积）也不同。K 周值越大，墙体面积、基础长度、门窗面积、保温、墙身内外装饰面积等工程量也越大。因此，在方案适当的情况下，应合理考虑 K 周值以降低工程造价。

现在民用住宅设计市场上的复用风潮盛行，一时间南加州风格、西班牙建筑风格红遍大江南北，殊不知不同的建筑风格形成之初都是由一定的地理、气候、材料条件因素所左右的。以外墙的处理为例，传统中国民居是砖石与梁柱结构混用的体系，所以各种窗、墙的做法很多。而在伊斯兰建筑中，窗与墙作为一种装饰而被连续使用，这种做法的目的不单是为了采光，更主要的是为了通风换气。北欧的冬天很冷，所以民居中不用大量可以开敞的窗户，通过小小的双重窗，就可以使室内外形成两个截然不同的世界。而适用于某些气候地区的建筑形式，其中很多设计语素，譬如露台、平台、廊架、错综复杂的体量关系一旦到了其他地区，就会带来复杂的保温做法，日常的使用、维护难题，极不经济的 K 周值，这些都是需要特别注意的。因此有建筑师提出，无论是对建筑单体，还是细部的设计，甚至是在对城市进行设计和规划时，都应与地方风貌及周围环境的特点相适应，突出个性并将这种魅力传承下来。

2. 层高与净高

楼房的层高与净高不仅直接影响工程造价，而且影响到规划排布、建筑之间的退让距离，从而影响到整个土地的使用经济效益。当然这其中也要区别对待，很多商用、办公建筑，层高不仅仅是充分考虑建筑设备的合理排布而设置的，并且也可以充分满足客户使用感受和体现产品的价值。

但同样据资料分析，普通住宅层高从 3m 降到 2.8m，平均每套住宅综合造价可下降 4％左右，也就是说平均每降低 0.1m，能降低造价 2％左右。而且这个因素还随着近年来工程材料价格的增幅而变化，这是因为层高和净高的降低可以使基础、墙体、柱、内外装修、管线、采暖等工程量减少，从而降低工程造价。这一点对于目前国内很多地区的住宅项目，一味追求建筑室内空间高度的趋势尤为需要关注。其实，普通住宅尴尬的室内空间高度，有时会反而显得室内空间狭小——同样大小有限的空间，越高则显得室内越狭小。并且，不太适宜的层高对于日常家居使用也无太大必要且使用不便，而做吊柜又显得空间不足，颇有"鸡肋之嫌"。

3. 窗地比

目前的建筑方案早已突破了原有的火柴盒的形式制约，从开窗的角度来讲也更是日新月异，凸凹窗、飘窗、转角窗、天窗、异形窗、整面的窗墙、玻璃幕墙设计变换已经是越来越常见的设计手段。应该说如此花样翻新的设计手法，确实给普通消费者耳目一新的感觉。但是，可能大家没有意识到，过于繁复、开敞的开窗手法也会带来成本的直接增加。去除本身窗的单方成本造价会比墙高这一项以外，窗洞过大会导致对于玻璃的强度要求，对于内外窗框，竖、横立挺的构造要求大大加强；同时，也会造成过梁的设计标准提高，甚至会增加局部构造柱，等等。

以某建筑面积约8万m²的联拼别墅项目为例，如果其立面窗地比原计划为0.3，而实际设计窗地比为0.6，那么它可能直接导致成本增加数额应在50万元左右，也就是说建筑单方要增加60元/m²。当然，这也要综合考虑保温，外墙做法等综合因素。因此制定合理的窗地比标准，并且实施严格的过程控制尤为重要。

4. 可售比

由于目前市场上对产品设计创新的要求与日俱增，在全国以最为常见的住宅产品或居住小区为例，"灰空间"的设计手法可谓方兴未艾。这也是中国的气候条件使然，在很多居住产品中，会大量出现挑空、架空、连廊等过度空间，平台花园、露台，层层进退的阳台等设计元素。开发商及设计师为了提升项目品质，在涉及规划手法中，也会频繁出现室内会所、室外或半室

79

▼ 图3-4　利用架空层设计的泛会所空间
◀ 图3-5　利用架空层及以上空间设计的花园
▼ 图3-6　顶层露台及花架

内室外的泛会所、管理用房、不可分摊的走廊等内容。应该说这样的设计手段大大丰富了产品类型，很好地强化了消费者的产品体验。

但是请注意另一个概念：可售比。这个概念之所以需要被强化，是因为其对项目成本的影响往往是无可挽回的。例如，如果某住宅项目的可售率从90%降至75%，单方可售成本就会增加约400～500元/m^2。而在某些情况下，恰恰就是片面地强调创新和单纯产品趣味化，反而在使可售比不断降低。因此，针对不同项目设定可售比底线，是合理控制成本的关键。其中需要特别注意的是：其一，不可售面积。在满足项目配套需要的前提下，要与项目相适应，同时兼顾长期的使用和经营管理的成本；其二，对于那些不计建筑面积的实体构筑物，要全面评估其对项目成本的影响，综合楼面地价、销售均价、建安成本三者关系确定赠送价值比例；其三，通常高地价一般采取高附加值、高售价策略；而低地价一般采取低附加值、平均售价策略。其四，优先考虑赠送那些客户既喜欢同时建造成本又低的赠送形式，如首层花园、屋顶花园等；重点控制那些建安成本较高的内凹阳台、阳光室、地下室、2.2m以下的夹层等面积，并统计市场平均值，结合竞争楼盘确定赠送上限值。

（三）限额设计

所谓限额设计，就是按照批准的设计任务书和投资估算来控制扩初设计，按照批准的扩初设计总概算控制施工图设计，同时各专业在保证达到使用功能的前提下，按分配的投资限额控制设计，严格控制技术和施工图设计的不合理变更，保证总投资额不被突破。限额设计并不是一味地考虑节约投资，也决不是简单地将投资砍一刀，而是包含了尊重科学、尊重实际、精心设计和保证设计科学性的实际内容。投资分解和工程量控制是实行限额设计的有效途径和主要方法。为了使投资控制在限额内，在扩初设计开始时，设计项目总负责人应将批准的可行性研究报告向各专业设计人员交底，对设备造型、工艺流程、总图布置、建筑方案进行反复比较，研究实现投资控制的具体措施，并将投资限额分解成各专业限额下达各专业技术人员，分块进行限额设计。同时，有关成本控制人员对每一阶段的设计都要进行及时造价核算，发现超过限额时，应及时与设计人员分析原因、修改设计——前文中的设计部品成本清单工具即是此理，确保在设计阶段将工程造价控制在投资估算内。改变目前设计过程中不算经济账、设计完了概算见分晓的现象，由"画了算"变为"算着画"，时刻想着"笔下一条线，投资千千万"。

以结构专业为例，虽然我们已经不再像以往那样，凡涉及工程建设必提及要"多、快、好、省"地追求建筑方案的节俭，众多大师级建筑师的概念新颖、结构繁复的方案也越来越多，但是我们仍然建议，至少在我们接触到的大规模民用建设工程项目中，还是要首先考虑经济性的问题。这和我们目前的经济承受能力和国力也是相匹配的。比如在最终确定建筑方案的时候，要尽可能减小因建筑专业的不合理布置而带来的结构成本的增加。同时，还要兼顾结构类型的选择，分别评估平面、立面等各方面的复杂程度，尽量避免那些不规则或非常不规则的建筑方案。

1. 几个关于结构成本的小常识

在概念方案阶段，结构专业主要应关注并确定：基础类型、结构形式、结构布局。而结构成本通常会按以下顺序递增：（1）基础：天然地基、复合地基、伐板、预应力管桩、人工挖孔桩、灌注桩。（2）结构：矩形框架、异形柱框架、框架短肢剪力墙、框架剪力墙、剪力墙、钢结构。

2. 钢筋混凝土含量控制

首先，钢筋混凝土含量控制应该包含在限额设计范畴之中，但由于这部分内容重要且不易把握，所以要单独提及。这个部分涉及很精细的过程专业控制，并且有着很大的弹性空间。首先，我们不妨先了解这样一个概念，如果钢筋每降低1kg/m^2，那么综合建造成本就可减少几元/m^2，由此可见，在保证结构充分安全的前提下，钢筋含量控制标准制定意义可谓重大。

其次，该项工作涉及时间长。理论上从建筑方案确定开始，有的甚至在设计方案构思前期，就应该涉及结构形式选定的事宜，根据不同的平面形式确定不同的结构体系、基础形式。而后期直至施工图纸全部完成甚至现场实施，结构专业仍然涉及很多配筋、节点的构造问题。如果在前期不较早介入，全部建筑方案仅仅依据建筑师的需要单独完成，很多可以修正或优化的结构环节就已经被跨越了。因此，结构环节和专业管理是适宜较早参与，并需全程跟踪的。

最后，由于这项工作基本上是依据规范要求并借助电脑辅助完成的，因此似乎人为可控的内容不是很多。其实恰恰相反，国家规范规定的往往都是标准参照值，要么是最低值，要么是最高值。而正是这部分工作，由于每个专业人员根据自身不同的经验判断，对于方案的理解不同等因素，导致对于参照值的选取各不相同，通常在最低值以上增加20%、30%，甚至更多，这都是非常普遍的情况，如此输入、控制电脑测算后的结果自然也就大相径庭。所以很可能造成同样的方案，都在规范要求之内，都是在同样的限制条件下操作，甚至同样的计算软件计算方式，得出的结果却差异甚大。但是由于此部分内容确实是受人为因素左右较多，而且涉及安全及个人经验等外部评判标准，因此不宜直接沟通和一味严格限制。这里可以打一个比方，因为稍有建筑常识的人都可以看懂简单的建筑方案图纸，也都会直观上对建筑方案设计提出意见，比如国家规定某类建筑的走廊设计宽度不应小于1.2m，那么如果有适宜的需求，图纸上表示成取值1.3m、1.4m都是可以接受的；但反之如果取值1.8m、2m以上，甚至还大大影响了室内空间的使用率或得房率等经济指标，可能就会很容易从图面上被大家迅速发现并受到质疑了。但在结构设计操作时，由于专业控制精力和能力所限，规范参照值和设计经验值的选取差异是容易被忽视的。正是这样的忽视导致了设计完成的时候，结构的浪费就是不可避免的。同时，如此结果由于涉及个人经验和设计安全责任等

83

因素，后期再提出修改，往往会遭到结构设计人员的极大反感并且会带来大量的工作反复。

显然结构经济性的控制是重要的，但更重要的是能不能真正做到有效过程控制。如何跨越上文所述的障碍，能精细、合理、恰当地约定、控制这一程序，以下内容中有一些方法供大家参考。

3. 结构限价设计的控制办法

前文已提到了结构限价设计，并且提到由于其周期、专业、人为性质等原因是比较不易有效把控的，那么有什么手段可以解决这个问题呢？应该说从设计之初就进行工作过程和后期成果的有效约定，最大限度地调动技术人员的积极性是根本的办法。下面我们做一项有益的尝试。

要对结构限价设计进行有效控制，就要在设计之初即对工作方法和成果奖惩进行明确约定（而不是事中或事后再沟通控制）。比如，首先对设计过程的主要节点进行约定，充分进行施工图期间的设计交流，主要交流沟通的工作内容为：前期结构方案。双方确认的建筑方案图，对其实施可行性判断及相应的结构体系大致思路判断；基础选型讨论。设计在基础方案基本确定后，组织甲方、勘察单位召开小规模的基础选型讨论会，基础选型获确认后方可进行下步工作；结构平面布置方案讨论。各方应在结构方案确定后集中探讨结构布置简图并取得一致认可，同时提交如下计算资料：（1）设计依据；（2）结构计算总信息表；（3）楼地面（含地下室）、屋面荷载计算资料；（4）其他《设计任务指导书》内规定的相关内容等。

那么又如何调动结构技术人员的积极性？如何针对性地提出并有效控制奖惩措施呢？比如我们可以尝试对涉及主要技术经济指标进行约定，关于项目含钢量、混凝土含量的要求，设计方应在满足设计规范的基础上，尽可能节约建造成本。其具体奖惩标准如下：可以参考表3-1。

大家可以从设计接手开始阶段就进行约定，各类型建筑两项指标均应达到起始标准要求，否则要对设计费进行奖惩。如果其中有一项（钢筋含量/混

结构钢筋、混凝土设计标准控制表　　　　表3-1

	钢筋含量（kg/m²）	混凝土含量（m³/m²）
多层(含基础、架空层，不包括地下室)		
起始标准		
奖励条件一		
奖励条件二		
半地下室/半地下车库		
起始标准		
奖励条件一		
奖励条件二		
地下室、地下车库（不含人防地下室）		
起始标准		
奖励条件一		
奖励条件二		

凝土含量）未达标，但超出额度在起始标准一定范围以内，需配合甲方进行局部修改；如超出额度在起始标准一定范围以外，则全部重新设计。如果两项指标均达到奖励条件一，则可提出某种形式的表扬或奖励。如果打算申请奖励二必须首先满足奖励一的全部条件。 这些奖惩标准可以在施工图设计之前以《施工图设计指导书》的形式调整一次。该调整应征得双方同意，除此以外双方不得以任何理由调整或者拒绝执行。

此外，目前市场上还有一种基于计算机的快速自动设计的结构优化手段作为参考。该手段可以在满足规范等约束条件下得到优化的设计方案。经过数十年的发展，结构优化技术已成功应用于建筑工程甚至航空航天等众多领域。在建筑领域，结构优化技术的应用，可以极大地降低工程造价，提高结构性能，符合节省能源、保护环境的可持续发展观。其实，我们丰富多彩的建筑创作过程发展何尝又不是如此呢？正如杨经文（Yeang）发展了一套程序来计算方案能耗，也由此创造了能使建筑设计达到最小能耗的设计手段。勒·柯布西耶（Le Corbusier）发展了他的比例工具。圣地亚哥·卡拉特拉瓦（Santiago Calatrava）出色地发挥了草图和模型的使用技巧，等等。他们的探索大大优化、丰富了我们创作手段，提高了我们对于客观规律的认识和把握能力。

（四）景观设计

环境设计近年来作为日趋独立的设计专业已经得到越来越多人的关注。科学、精细的环境设计对于美化城市公共空间发挥着重要的作用，即便是对普通住宅产品价值和品质的提升也有很大的作用。特别是随着人民居住水准的日益提高，高品质的园林环境也更能得到住房消费者的青睐。

但在目前的环境设计中也存在着大量被忽略的成本问题。比如软硬景比例失衡，大型乔木、名贵树种不合理使用，特别是在组织设计居住类产品的过程中，销售开盘（可以重点设计）与非开盘区毫无区分。相应正确的做法是，可以尝试区分开销售使用的示范区和非示范区的种植选苗范围，在示范区采用全冠假植苗，在非示范区采用全冠地苗。因为同样树种、胸径的乔木，假植苗和地苗价格相差一倍以上，并在可行的条件下，适当关注绿化中灌木的比例。这样才可以将非示范区的景观成本控制在示范区景观成本的一半以内。

再比如大量的广场空间，硬质铺装盛行。其实在道路景观的设计中，不同做法也有很大的成本差异。如车行路采用沥青路面（含下部垫层），组团路和其余人行路采用石材和水洗石铺贴。这两项单项成本基本都在一百多元/m²左右。

而车行路采用混凝土路面，组团路和其余人行路采用普通地砖或彩色混凝土铺装，则这几项费用大多在几十元/㎡。两者相差近一倍，在如此大的差异下，应尽量减少人行道路中石材的用量，同时继续研究混凝土路面代替沥青路面的可能性等等。

再比如设计师的景观图纸中立面铺贴石材的厚度一般为30mm左右，平面铺贴石材的厚度一般为50mm左右。而在实际施工过程中立面一般为15mm，平面厚度一般为20mm即可。需要石材压顶时，一般石材的厚度都较大，这时可采用加厚边的做法。园林中的轻质构筑物基础处理尽量不要采用混凝土，要采用素土垫层或者三合土垫层，等等。

综上所述，在项目设定技术目标开始，就要制定不同类型项目环境设计

◀ 图3-7　不同形式的绿植配置

▶ 图3-8　不同材质的道路硬铺

▼ 图3-9　以混凝土为主的道路硬铺

标准。在正式开始设计之初，就要有意识地根据项目档次、定位报告的目标成本，确定环境工程的单位成本（元/景观平方米），并进行交底，从而作为景观概念设计的依据。后期，对于表观性的景观材料，须由设计师、成本部共同确定，保证合理的性价比。同时，景观设计应综合考虑与各种管网的协调，避免绿化树木根系对管网的潜在破坏，避免井盖对路面的不雅影响。景观设计还需考虑长期的物业维护费用，如入口数量、水景的选择、草皮与乔灌木的比例等等。

那么，成本公认为影响技术实施的关键要素，而且又纷繁复杂，牵涉范围如此之广，在设计逐步深化过程中如何把握呢？我们建议尝试用以下的方式解决——表单式的设计成本控制重点清单，表3-2。

对特别需要关注的景观材料或部品做法，如上一章内容所述，我们仍然建议使用第一章提及的方法，可以随着方案的持续深化，匹配以不断深入的材料部品清单来有效控制。同理，其他设计的科目，诸如室内设计、方案对应成本清单也同样可以依赖此工具。

设计各阶段成本控制表　　　　表3-2

阶段	控制内容	成本控制重点	运用手段
投资分析阶段	· 经济技术指标表 · 规划草案 · 产品基本数据表	· 经济技术指标表 · 拟建产品层数与拟用结构形式 · 交楼标准：是否提供精装修	· 项目可行性研究
设计前期阶段	· 经济技术指标 · 用地与产品关系 · 交通分析 · 公建配套分析 · 景观现状资源是否利用 · 分期开发分析 · 技术分析	· 经济技术指标表 · 拟建产品层数与拟用结构形式 · 停车方式与要求，公交与班车停放要求 · 景观现状利用成本 · 分期面积 · 土地利用分析 · 技术配套设施设置的成本	· 概念方案评审与规划设计工作指导书的审查
方案设计阶段	· 经济技术指标表 · 成本估算报告	· 指标中的：容积率，公建配套面积，停车方式与数量，成本估算报告	· 规划评审、实施方案成果标准的审查
	· 规划方面图纸：布局图、公建分析图、道路交通图、组团与管理图、景观图、销售与分期图	· 公建形式 · 道路断面 · 物业管理模式 · 景观成本与维护费用 · 销售卖场形式 · 分期开发面积	
	· 单体图纸	· 各单体拟采用结构形式、拟采用材料	
	· 技术类图纸	· 土方平衡方案 · 新技术新材料运用的成本 · 技术配套设施设计	
初步及施工图设计阶段	· 建筑平立剖图 · 建筑各类放大图 · 结构专业施工图 · 水电通专业施工图	· 建筑选材与各类构造做法 · 结构选型、基础形式 · 设备选型	· 施工图指导书和施工图审查

89

（五）设计费

最后，再看看我们的设计费。每每谈及设计费的问题，我们作为技术人员会经常听到如下概念或议论："其实，设计费只占整体项目投资或成本中很小的比重，甚至是微不足道，但是对于最终项目的品质却异常重要。因此，单纯对于项目投资中的设计费严格限制是完全没有必要的"。

这个概念是不是百分之百正确呢？我们不妨先就事论事。如果通过数字统计来看，这句话可能说对了一半，但说得还不够精确，其后半句还是存在一些问题的。

以我们目前市场上最常见的民用住宅为例，以建造费用为基数（设计费通常隶属于建造费用中的开发前期准备费），普遍的整体设计费用基本在每平方米几十元到一百多元左右。当然这期间的相对差异还是较大的，设计费会通常与项目的难度和复杂程度——设计所涉及的范围、各地区的设计取费差异、具体选择和哪些设计公司合作等环节密切相关。但整体来讲，目前国内设计市场的取费差异对整体成本不构成太大影响。换而言之，设计费用节约10%，每平米设计费用可能仅仅节约几元钱，按照动辄每平方米几千元的整体工程成本摊算，成本节约0.2%左右。设计费用的增减对成本的影响确实很小，但对设计质量和产品质量的影响确实很大，所以一直也有这样的说法，设计阶段决定了整体工程70%以上的成本。由此从设计费的对比情况可看出，设计阶段的设计成本控制应是广义上的控制，而非狭义上的设计费用的控制。

但是反之，随着近年来对设计前期投入的日益重视，国外设计师、国外设计名师日益频繁地出现在我们普通的民用设计项目中。刻意或者说过于追求新奇特的设计概念，甚至是完全将设计师的身份加以包装和推广宣传之用，已经逐渐成为一种流行时尚。由此而来的就是设计费占项目成本比重大幅增加甚至有逐渐失控的趋势。比如某些高端住宅项目，其设计费投入高达每平方米300～500元甚至更多，最后全部核算下来几乎接近其项目利润的一半左右。片面单纯追求境外设计，强调产品引领市场的策略是造成设计费用不断攀升的主要因素。因此，针对不同项目采取设计费限价是设计费整体控制的必由之路。

设计阶段设计费的控制主导思想可体现在以下几个方面：首先，用好设计费，调配好资源。从设计启动开始，就要全盘策划，力求以合适的代价找到合适的人做合适的事为原则。对于复杂项目，应形成各个功能部分、不同设计阶段的设计顾问职责明确分工。特别是在复杂的设计工作要求下，对于一些交叉较多的设计界面，要设立详细的职责表格，见表3-3，以便于在合同中重视那些设计顾问单位之间相互协调的条款。

其次，虽然整体行业取费标准趋同，各公司设计费用差异较小，但有时采用的为同一家设计单位，设计效果差距却较大。关键在于在设计费用相近的情况下，各个环节对设计的监控能力存在差距。因此，我们提倡要充分进行专业控制过程的尊重与引导，坚持主创设计师面对面的交流。同时，也建议通过推行设计规范、深度管理，大力提高专业人员对设计实现过程的监控能力，提高对设计过程问题反馈的严肃性和准确率。

最后，确保重点节点的设计成果质量与进度。尽量使每次阶段性的成果达到设定的设计目标，并且还要特别关注那些设计成果质量如容积率分析报告、分期开发面积判断等对项目总体开发计划、资金回笼等宏观成本影响较大的科目。当然，设计成果质量如施工图纸的错漏误缺也会导致后期大量变更的产生，对微观成果的影响较大。

设计及顾问团队组织表：各设计单位的设计配合及职责分工明细　　　　表3-3

专业	阶段	概念及方案设计阶段	初步设计阶段	施工图设计阶段	施工招标阶段	施工阶段
建筑	主负责方	方案设计顾问	方案设计顾问	当地设计院	当地设计院	—
	审核方	当地设计院	当地设计院	方案设计顾问	方案设计顾问	当地设计院+方案设计顾问
结构	主负责方	当地设计院	当地设计院	当地设计院	当地设计院	
	审核方	结构顾问	结构顾问	结构顾问	结构顾问	当地设计院+结构顾问
	顾问方	方案设计顾问	方案设计顾问	—	—	
机电设备（含消防）	主负责方	机电顾问	机电顾问	当地设计院	当地设计院	—
	审核方	当地设计院	当地设计院	机电顾问	机电顾问	机电顾问+当地设计院
公共部分室内设计	主负责方	方案设计顾问	室内设计单位	室内设计单位	室内设计单位	—
	审核方	当地设计院	方案设计顾问+机电顾问+当地设计院	方案设计顾问+机电顾问+当地设计院	方案设计顾问+机电顾问+当地设计院	室内设计单位+方案设计顾问+机电顾问+当地设计院
人防设计	主负责方	当地设计院	当地设计院	当地设计院	当地设计院	—
	顾问方	方案设计顾问	方案设计顾问	方案设计顾问	方案设计顾问	当地设计院
建筑消防	主负责方	当地设计院	当地设计院	当地设计院	当地设计院	
	顾问方	方案设计顾问	方案设计顾问	方案设计顾问	方案设计顾问	当地设计院
标识设计	主负责方	方案设计顾问	标识设计专业公司	标识设计专业公司	标识设计专业公司	—
	审核方	当地设计院	方案设计顾问+当地设计院	方案设计顾问+当地设计院	方案设计顾问+当地设计院	标识设计专业公司+方案设计顾问+当地设计院
景观设计	主负责方	方案设计顾问（景观顾问）	景观设计单位	景观设计单位	景观设计单位	—

四 设计与非工程成本的控制

以上内容算是对几个设计与建造工程相关的小科目的研讨。如前文所述，设计与成本在项目领域几乎是一个涵盖全程的话题，除了与工程科目直接相关外，设计对于非工程成本也会起到一定的作用。这些虽不是真正意义上的设计问题，但又与技术环节密切相关的非工程成本问题。

首先涉及的概念就是非工程成本控制要点。比如在较大规模地块、低容积率的开发项目中，非工程成本逐渐变得敏感，其中比重最大的是土地使用费。由于容积率不同，土地使用费在总成本和非工程成本构成中占据比重不同。基本比重在总成本中约占25%~35%；在非工程成本中占45%~55%，这个比例大约是不会错的。所以业内人士如此评说，房地产开发的第一层次是土地开发，其次才是产品开发，这样的提法颇有道理。下面我们就先从土地使用费入手，谈谈从技术和设计角度如何看待和介入各项成本的把控问题。

1. 土地面积测绘与勘查

土地面积测绘与勘查是首个环节，如同我们购买副食品，所购物品是否秤准量足一样。这个问题一般容易被忽视，大家以为只要蓝图标出红线，用比例尺测量计算就行了，其实大错特错。我们在实践中发现，常常有人按红线规划设计，最后进入施工，结果误差却很大。解决这个误差的唯一办法就是宁愿先花上不多的钱，邀请专业设计单位和测绘队伍按红线复测。特别是在中国城市化进程日新月异的今天，郊区甚至是远郊复杂地形地貌的项目层出不穷。譬如某远郊别墅项目，由于未予复测，按红线设计，结果误差了

1000多平方米。这还是指熟地而言（已经取得规划选址与土地出让手续的项目）。如果四置都是荒地、丘陵的生地，弹性系数势必将会更大。特别需要强调的是项目用地的边角部分。如果地形不太规则，一定要注意边角部分。一般测绘人员对边角颇为头痛，不作细究，这就是弹性。如果大家也能高度关注，同样能获得一定利益。说不准，边角就是以后小区配套设施所建之地。腾出中心空地建商品住宅，这也是一块不小的收益。

2. 控制规划中的道路架构设置

此处所述道路架构是指城市规划设计中的道路架构。由于中国目前所处时期的城市化进程发展迅猛，很多项目所在区位位于城市扩建或将要重新规划的区域。于是，在规划用地内部经常会有纵横贯通的一条甚至几条宽约30m～40m、长约数千米的道路作为城市干道穿越而过。诚然，政府总体规划是按城市规划技术管理规定编制的，其间并不会考虑未来项目实施的实际情况。如果我们以计划经济观点看问题，唯有服从规划而已。其间征地费用几万元，道路建设费约几千万元，道路分割后，小区之间再建围墙隔离措施等，总计费用恐怕就要数以亿计。这在土地费用中是占据沉重一笔的。

而如果在土地接洽前期，规划概念、设计条件能提早介入，综合场地内部使用、经济技术指标、场地与外部城市道路的关系、人车流动线关系等等，通过仔细研究这些城市干道，可以发现其实很多道路并无实际使用意义，如果调整或废除后对于城市交通流量并无影响，然而却能大大降低土地开发成本，并且可以提高建设小区规划完整性。特别是很多规划理念和设计手法，诸如新都市主义，对于城市结构、道路等级、路网密度、人车混行的形态都要有非常系统的研究。如果能以此为重点课题，汇同规划及有关部门商讨，首先从理论上获得他们认同，然后从规划上弥补由于调整、废除城市干道后所出现的景观与社会效益之类的问题。最终如果能够得以真正实施，相信能够使土地这一不可再生资源的利用效益最大化。

3. 水面面积的利用

按照上海市土地出让政策规定，在开发项目内有湖泊、河港等水系情况的，面积统计按实测面积的50%计算，而其间弹性系数极大。上海市郊为江南水乡，河沟纵横为一大特色，水脉成了小区卖点。如果开发企业将测绘任务仅仅交给测绘队伍，签个合同完事，实在是愚不可及。正确的做法是，带上专业设计师，脱下西装，蹬掉皮鞋，穿上工服与胶鞋，与测绘人员滚在一堆——请注意，此处不仅是指一般工程技术人员，而是指技术负责人。究竟有多少水系，哪里直哪里弯，哪里大哪里小，哪里宽哪里窄，如何测量，如何记录，现场实勘后还要与测绘人员一起进行计算。譬如某项目占地1800亩，从地形图上分析约1/6的水面面积，其实实际误差很大。如果技术负责人与测绘人员统一意见，丈量、绘图时进一进、出一出，计算时放一放、收一收，其间的差异惊人。如果以实测与标图10%误差计，土地费可节约上千万元。如果再据理力争，小溪算大溪，弯道当直道，打个对折，弹性甚至能在2000万元以上。特别要指出的是，水面测绘基本上是一锤定音，即便以后规划或土地部门复测，也仅仅界定项目边界范围而已，不再对河港岔道进

◀ 图3-10 原始地貌水岸边的荒芜滩涂

▼ 图3-11　红线外滩涂变为木栈道工地
▶ 图3-12　完工后的沿江步道实景

行复核。实际面积以初测为准。如初测直接邀请规划部门测量队，具有绝对权威，效果更佳。如果有技术人员参与，不但可以第一时间把握准确地形地貌，提供创作思路，也可以熟悉土地信息，创造价值。

4. 带征项目

带征项目指项目边界红线外城市规划要求附带征用、建设的项目。在市中心一般表现为带征旧屋拆迁、小工厂搬迁，农村则表现为带征绿地。城市带征用地我们先暂且不谈，就市郊而言，遇到带征绿地是常有的情况。带征绿地处理不当，约增加土地成本5%~15%。遇到这种情况，一般是先向规划部门了解带征项目数量、要求，然后采用三种措施：一是与规划局探讨，尽可能缩小带征范围；二是分解带征负担。例如某项目，当初签署土地合约时，合同规定：红线外绿地由当地政府种植。下达选址后，地块北侧道路因拓宽需要，红线退后24m。按合约，此带征项目用地的建设仍由镇政府承担。一般而言，只要关系融洽，地方政府还是可以认账并能够接受的；三是从小区规划上弥补，即尽可能将带征绿地为我所用，与小区总体规划融为一体。带征项目用地如果处理得当，费用尽量降低，收益与总体效果能够保持平衡，最终达到较好效果。

5. 人均工作成本

人头费即人均用工成本，含岗位设置与用人标准，这看似基本属于人力资本范畴的事情。这里应该还包含两个概念：一个是人均成本和效益的控制；另一个是人工价值的利用和创造。这也就是我们通常意义上讲的开源节流吧。这件事说起来普通，但做起来很复杂。

很多针对技术环节的人员组织现状是编制不断超额，人员不断扩大，似乎"存在即合理"（关于这一点在本书最后一章另有论述）。但应该知道，人多好办事的时代已经过去了，人浮于事本身就是灾难。一个有效的创作班子，一套成熟的管理环节中，严格控制的成本和与之匹配的人力搭配是密不可分的。所以，针对一个组织而言，精细化的统计、明确的职责分工与人均产值的管理，从而促使人员队伍精干，提高单位人员的工作效率。即便是在主要依靠人工创意性劳动的技术组织内部，避免重复劳动、无效劳动，也是对总体效益（价值目标）的最大贡献。

此外，就是尽可能设法让组织或个人综合利用外部社会资源，去创造更大的价值。特别是在我们很多项目的具体实践过程中，很多技术领域已经相当具备学科学术的先进和尖端性了，并且很多时候这些条件的发展往往是无意识的。其实这些领域的实践往往和国家倡导、科研机构、大专院校的研究发展方向甚至是具体的课题密切相关。比如节能减排、健康环保、再生新能源的创造与利用。再比如一些具体的应用专题领域，老年住宅、生态建筑、智能办公科研等等。要知道，一方面，在我们为了这些实际操作工作殚精竭虑，每每为思路不系统、缺乏足够高度、人手不够充足而苦恼的时候，另一方面，大批的政府立项、科研机构、大专院校的科研课题计划却因为没有充分的项目实施相结合的学术条件，而无法真正有的放矢。而正是这些课题，很多是直接与国家、省、市不同级别的科研立项资金挂钩的，还有的是和专业行政部门的专业政策衔接的。再比如各市、地建委的健康住宅办公室、节能墙改办公室、成品住宅推广办公室的某些条件是和市级财政补贴、企业经营税费的减免政策相关的。

也就是说，在现实状况中大家做的可能都是同一个领域的重复性研究，其中的区别只不过是一个来源于市场需求和导向，另一个来源于国家政策或科研方向而已。那么，如果是能把两者有效地结合，其间能创造的价值就会事半功倍，快速形成一个多赢的局面。课题结合操作如能成功，科研工作卓有成效，科研机构的学术成就和学术地位会大幅提升。市场和普通消费者因成果应用而受益，消费者也会满意。并且由于项目的研发直接受惠于国家政策奖励，企业的经济和社会价值也会同时得到保证。个人日常的单项技术工作被组织化、系统化地放大，个人价值得到更大的创造和发挥。国家和社会的政策得到倡导落实，最终全社会都会由此受益。

第四章

设计深化的过程控制

一　施工图之前的条件要求及工作组织

（一）施工图纸深化前的样图

如果说一个方案经过此前章节提及的成本清单，结合各个阶段明确的设计标准、实体模型推敲等手段的深度控制，那么到了施工图组织之前，应该是到了全面设计技术工作承前启后的关键时刻了。因为无论前期方案过程如何坎坷曲折，设计单位最终的具有法律效力的成果大都是要以施工图的形式体现的。那么对于精细的施工图组织过程，境外设计事务所还有什么样的良好工作方法和习惯可供我们借鉴呢？

首先，我们可以发现大规模施工图组织之前，境外公司的设计团队通常会习惯根据项目的要求、图纸的工作量，就一些关键节点完成图纸小样，并在团队内部形成一致性的要求，统一为下一步的工作提供支持和指导（图4-1）。当然，这些样图是以明确的施工图设计指导书为依据的。其主要目的在于让设计师统一技术标准，明确设备配置，满足特殊设计要求或预防常见问题。这些图纸小样的内容往往明确了做法、材料，甚至是一些具体的难点、重点乃至标注等具体问题都有涉及。其实，这种做法在国内也并不陌生，以笔者了解的很多国内设计单位在施工图开始之前也是这样操作的。一些项目或专业负责人，特别是那些经验丰富的设计师，通常都有这样良好的工作习惯——在施工图纸组织之前，通过样图、条件图的确认为下一步全面的施工图工作夯实基础。而全部的施工图条件图既是各专业在技术层面的结

◀ 图4-1 境外事务所利用图纸及网络平台确定样图

合，也是对确认方案的全面设计深化，最终目的只有一个——保证施工图设计的质量。但是随着设计工作量的日益增加，施工图的设计时间相对越来越紧迫，不清楚大家是否还能从容不迫地继续保持、发扬这个优良传统。

101

（二）设计辅助软件在设计阶段的作用

如果说境外设计事务所在施工图之前的一些优良的组织习惯之所以能够得到顺利推广，那就不得不提到他们完善的建筑设计软件辅助工具所起到的作用。下面我们就以北美较为常用的设计软件支持系统为例加以说明。

这套软件体系相当鲜明的一个特点就是像一个庞大的、融汇上下游产业信息的资料库，并且完全是数字化的、三维的、全部由建筑部件组成的。而部件又包含着完整的工艺做法、性能标准、使用及设计说明等所有相关信息。设计师可以方便地提取其中所需要的信息，这样既可以生成真实的建筑透视效果图和各种分析图纸，用于建筑师推敲建筑功能和造型；又可以利用数据模型快速完成建筑照明、通风、能耗等数据模拟分析，从而形成建筑设计方案的可行性分析报告，帮助业主做出决策（图4-2）。

我们上述提及的施工图组织之前的图纸小样，会便捷地出现在这个体系当中。利用制图软件 完成样图的做法，便于设计师们在施工图之前利用数字化的平台形成交流，明确各项要求，各个专业的工程师也可以借此充分参与、有效沟通。同时，信息本身也可以做到及时更新。

软件体系可以以AutoCAD为基础，对于建筑所有的部件如墙、门、窗和楼梯进行二维到三维的设计。对应每个部件，按它的测量数据和相关信息都作了预先的整理，然后只需从要素库中查找相对应的资讯，就能选取构建模型。所构建的三维模型能自动地转换成传统的二维图纸，而二维图纸是一套建筑图纸的基础，包括楼层与场地的规划图、平面图、剖面图和立面图。

设计团队可以通过对于模型中信息的提取，轻松地汇总出所有建筑生产元素清单、门窗统计表、预制混凝土构件清单等。建筑师可以根据成本预算、业主的建议和其他各项专业报告，优化设计方案，调整模型，并最终使

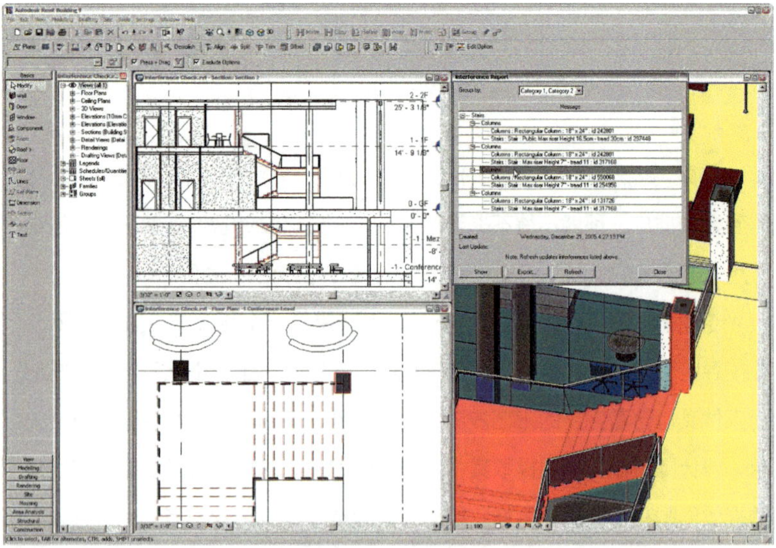

▲ 图4-2　三维构筑的样图，充分协助建筑师推敲设计

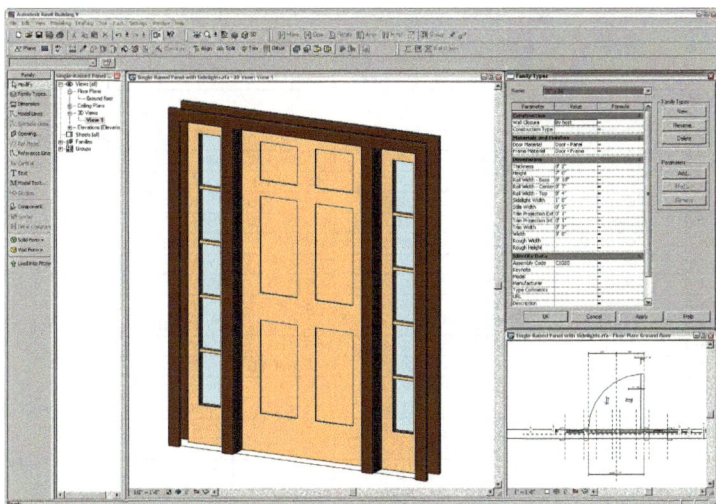

▲ 图4-3　根据生产厂家的技术标准，进行设计初始环境的设置。建筑师在这个信息平台上进行细部设计或选择标准款式，增加了设计与其他专业的信息链接

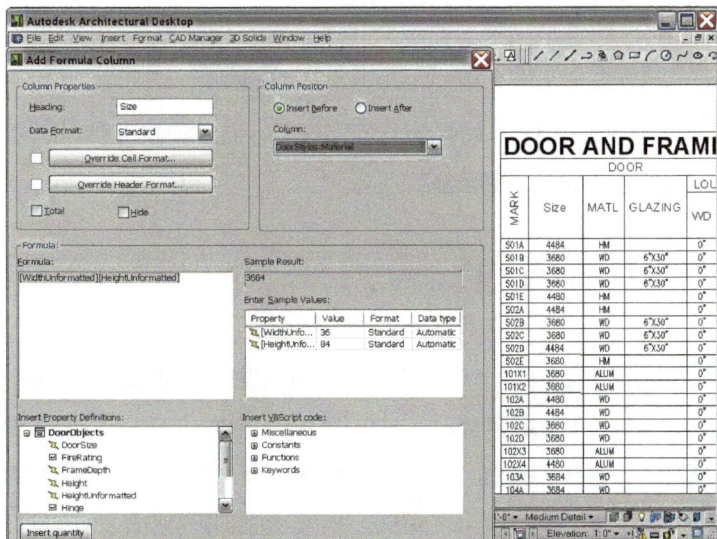

▲ 图4-4　设计软件自动生成的门窗列表，其信息可以直接向下游产业传递，从而达到建筑产业链之间的信息链接。系统自动生成的材料清单，可提高采购环节的工作效率（表4-1）

系统自动生成的材料清单　　　表4-1

Room Schedule					
Level	Name	Number	Area	Floor Finish	Perimeter
FIN. FLOOR	Entry	200	201 SF	HARDWOOD	69' - 0 5/16"
FIN. FLOOR	Great Room	201	460 SF	HARDWOOD	102' - 4 1/4"
FIN. FLOOR	Kitchen	202	254 SF	TILE (12x12)	85' - 8 5/16"
FIN. FLOOR	Library	203	218 SF	HARDWOOD	61' - 10"
FIN. FLOOR	Dining Room	204	206 SF	HARDWOOD	57' - 9 1/8"
FIN. FLOOR	Master Bedroom	205	285 SF	CARPET	69' - 0 3/16"
FIN. FLOOR	Master Bath	206	172 SF	TILE (8x8)	76' - 8"
FIN. FLOOR	Toilet 2	207	30 SF	TILE (8x8)	22' - 0"
FIN. FLOOR	Closet	208	46 SF	TILE (8x8)	27' - 8"
FIN. FLOOR	Closet	209	47 SF	TILE (8x8)	27' - 11 3/16"
FIN. FLOOR	Toilet	210	26 SF	TILE (8x8)	21' - 3"
FIN. FLOOR	Coat Closet	211	20 SF	HARDWOOD	18' - 0"
FIN. FLOOR	Closet	212	36 SF	TILE (12x12)	24' - 0"
FIN. FLOOR	Laundry	213	87 SF	TILE (12x12)	41' - 10 1/4"
FIN. FLOOR	Pantry	214	21 SF	TILE (12x12)	19' - 0"
FIN. FLOOR	Powder room	215	43 SF	TILE (12x12)	29' - 11"
FIN. FLOOR	GARAGE	216	714 SF	CEMENT	114' - 0 3/16"

Wall Material Takeoff				
Material: Description	Material: Name	Material: Volume	Material: Cost	Total Cost
Brick	Masonry - Brick	420.15 CF	46.00	19327.04
CMU	Masonry - Concrete Masonry Units	89.12 CF	37.00	3297.57
Metal Stud	Metal - Stud Layer	842.94 CF	32.00	26974.09
Plywood	Wood - Sheathing - Plywood	105.37 CF	19.00	2001.98
Air Space	Misc. Air Layers - Air Space	421.47 CF	29.00	12222.64
GWB	Finishes - Interior - Gypsum Wall Board	70.25 CF	16.00	1123.92

设计方案达到预期的目标，确保设计的可实施性。而后续输出建筑设计模型，也可以很好地用于指导建筑施工。

（三）设计辅助软件在建筑设计之外发挥的作用

设计辅助软件行业极大地适应了建筑产业化的发展，使产业链上的每个环节都能够达到各个专业无缝链接，使信息得到最有效的传递。北美建筑设计和制图软件行业也一直以此为发展的主要目标。虽然市场上有几种不同的软件系统，他们每个都采用不同的编译语言，但是他们研制和开发的目标都是建立在建筑构件信息系统之上的，并不断地将数字化信息技术统一并应用到建筑产业当中。

对于建筑设计领域来讲，根据设计阶段和成果要求的不同，基本上常用SKETCHUP、AUTODESK ARCHITECTURAL DESKTOP (ADT)、BIM、AUTODESK REVIT、AUTOCAD等软件。对于建筑工程领域来讲，主要有几个一流的施工企业在ArchiCAD的基础上针对他们业务的不同方面自主开发应用程序，包括Graphisoft，瑞典的Skanska，日本的Kajima，芬兰的YIT等等。对于后期的建筑物业管理，此前在北美市场IN4MAITON管理体系中占有率最高的是美国的ARCHIBUS/FM物业管理软件。

按照使用阶段和输出成果不同，可以进行如表4-2所示的划分。

从这样的施工图模型中提取的数字信息，可以快速、准确地生成完整的成本预算，并且与传统的成本估价系统相比，这套系统也可以使得从手工估算转变成为基于数字模型的电子估算，使工作更加简易、轻松。而且，系统可以延伸生成4D模型（即设计模型+施工时间计划、施工进度模拟体验）；甚至还可以针对财务分析的需要完成5D系统（5D代表着3D模型＋工程时间＋造价信息）。如此使用设计辅助工具，又加入成本和时间概念，最终为财务分析生成资金报表提供了便利。

在建筑运营和物业管理阶段，这套系统还可以及时跟踪和管理固定资产的日常运营状况。管理人员可以通过网络平台，根据建筑信息模型（Building Information Modeling，BIM）建立网络平台和数据库，完成物业信息管理系

105

建筑设计辅助软件在不同设计阶段的应用　　　　表4-2

阶段\软件	SKETCHUP	ADT	CAD	REVIT	GRAPHIS OFT	ARCHIBUS /FM	BIM
建筑方案设计	■	■	■	■			■
建筑施工图设计		■	■	■			■
建筑施工		■		■	■		■
物业管理运营						■	

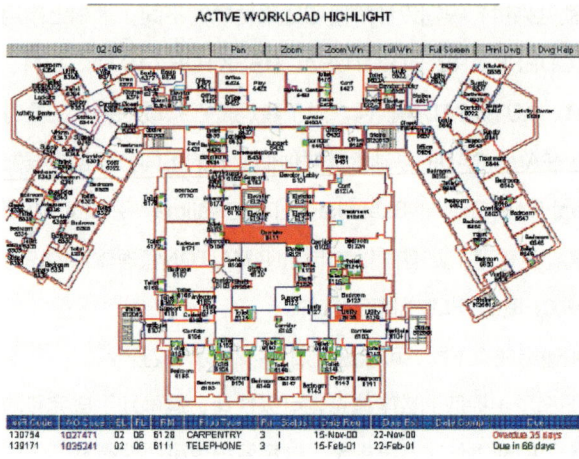

(a)

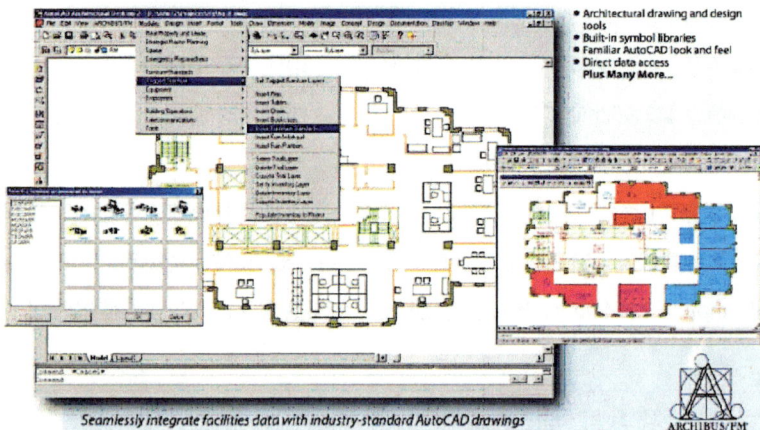

(b)

▲ 图4-5　根据BIM体系，建立建筑物业管理的信息模型，其中包含所有建筑构件、固定设备和活动设备的信息

统的建立——其中包括针对建筑部品的实际使用情况和运营状况进行跟踪，对实际发生成本与预算进行对比分析，确保其按照既定的计划运行。对于经常发生问题的单元进行提醒和问题描述。此外，其功能还包括对已经完成维修部分的费用比例形成清单，最终对于数据库中积累的数据加以分析，形成对现有物业资产优化运营报告和成本预算。以北美市场为例，大型公共建筑项目的设计品质往往只能代表了项目成功与否的一个方面，其资产运营管理效率的高低，往往直接决定了该项目商业运作的最终成败。

简而言之，BIM是一整套高效模型信息，为建筑全过程的实现和管理提供了丰富的手段和方法。它能够搭建一个或多个综合性系统平台，向项目投资者、规划设计者、施工建设者、监督检查者、管理维护者、运营使用者乃至改扩建者、拆除回收者等不同业内从业者提供时间范围涵盖工程项目的整个周期的各类信息，并使这些信息具备联动、实时更新、动态可视化、共享、互查、互检等特点。该系统可以高效地保持业主与发展商之间及时快速的信息交换，从而不断提高房地产物业的管理效率和优化管理流程。确保日常物业运行中最大限度的利用人力和资产资源，降低运营成本，提高固定资产周转率。因此可以说，BIM能够服务的时间段越长、资料越完备，参与涉及越广泛，能够取得的收益或效率就越高。根据斯坦福大学CIFE中心32个项目的BIM应用得到的如下统计数据，该系统的应用可以有效消除40%预算外设计变更，将工程造价估算控制在3%精确度范围之内，使得建筑物造价估算耗费的时间缩短80%。并且，系统可以通过及时发现和解决冲突，将合同价格降低10%，同时将工期缩短7%，从而及早实现项目投资回报。

当然，所有这些都要建立在两个基础条件之上。其一，就是全部建筑上下游行业对于数字化技术的适时、系统、科学的管理。再者，就是针对有关数字化技术的知识产权的必要尊重。而我们可以毫不避讳地直言，如果国内设计环境中对于盗版软件的使用不加以制止的话，很多设计辅助软件恐怕永远只能停留在单机绘画的功能上了。

二　互提专业条件图的作用

除了要求各个专业自身在图纸深度上的统一以外，在施工图工作启动之前，各个专业间的有效互动以及条件图纸的相互确认也是至关重要的。因此无论项目大小、复杂与否，在我们日常的设计管理过程中，都要把互提条件图的过程看成是前接外部设计要求和方案创意，后接施工图组织的关键性节点。当然对于这样的节点，其本身的时间和内容也是非常重要。虽然很多大型设计单位都已经有了很好的工作模式，但是在此，我们还是有必要略费笔墨稍加阐述。

（一）各专业在工程设计上互提条件的必要性

各专业之间互提设计资料应由各专业设计人负责。接受资料的专业，应及时研究落实，如认为条件深度不够、难以解决时，可提出补充要求或协商解决。并且由于项目设计计划往往是紧密且相互关联的。所以，各专业相互关联的资料也同时应得到甲方各专业方面的管理意见。那么，各个专业间的条件图应至少包含哪些内容呢？我们依据一些普通的项目设计经验做了如下简要的整理，可以说这是各专业条件图所涉及内容的必备条件，复杂的单体项目（比如功能要求复杂的大型建筑等）、阶段性的条件图则应包含更多的内容（特别是在配套专业的内容和深度上），以下内容仅供参考：

(1) 总图向其他专业提供的条件图资料

1) 红线以内的道路、建筑物，构筑物的平面布置，建筑物的名称和层数；

2) 原有建筑物，新建筑物，已知的地下障碍物；

3) 建筑物，构筑物的设计标高及标高尺寸（含与室内、室内外正负零相对的绝对标高）；

4) 指北针或风玫瑰图等。

(2) 建筑专业向其他专业提供的条件图资料

1) 应该注意到的是，凡以建筑平面图表示的建筑物，不论大小、部分或局部都应以建筑平面的形式提给其他专业。由其他专业所布置的内容，如工艺设备平面、变电所平面、水泵房平面、冷冻机房平面图等，则需交给建筑专业认可后再以建筑绘出的平面图的形式提供给其他专业；

2) 建筑平面图中如有涉及扩建或改建的部分应特别标示，要求绘制出新旧建筑的衔接关系；

3) 建筑平面图应注有房间名称，对有特殊要求的房间或有较重荷载要求的应注明；

4) 建筑平面图中的剪力墙、承重墙、防火墙、轻质隔断、玻璃隔断等均应按墙体不同材料以图例做出统一图例表明；

5) 建筑剖、立面图中需提供室内外地面高差尺寸，各层之间的高度尺寸，门框洞口高度尺寸，总高度尺寸（或标高），女儿墙高度尺寸等。

(3) 结构专业向其他专业提供的条件图资料

1) 建筑物、构筑物的结构选型和选材；

2) 各层结构平面布置、梁、柱、板、墙等构件截面尺寸；

3) 水暖电专业对墙、板、梁上预留孔洞尺寸及预埋件等要求的反馈意见。

(4) 给排水专业向其他专业提供的条件图资料

1) 给排水设备用房（如污水泵房等）的设备布置平面尺寸图；

2) 设备基础尺寸，设备自重，电动机功率型号、转速以及是否有配套设备等；

3) 生活消防用水水池、化粪池、冷却水塔等尺寸、标高及位置等信息；

4) 给排水系统、热水系统、消防检查灭火及喷洒系统的启动、控制信号、自动化连锁等要求。

(5) 电气专业向其他专业提供的条件图资料

1) 变电所、备用柴油发电机房的设备平面布置图的尺寸；

2) 消防控制用房、电话交换机用房、广播及电视分配用房等平面布置尺寸；

3) 电气设备吊装孔洞位置、尺寸，电缆桥架穿墙、穿楼板预留孔洞尺寸；

4) 凡高层建筑须提供各层强弱电用房及竖井的位置平面布置尺寸；

5) 利用结构梁柱的钢筋作防雷引线与接地极的做法；

6) 变配电室的通风要求，新风换气次数；

7) 柴油发电机房的发热量及排气降温要求；

8) 有空调的房间照明瓦数（W/m^2）；

9) 通信设备系统的平面布置及预埋孔洞位置、尺寸等信息。

(6) 暖通专业向其他专业提供的资料条件

1) 冷冻机房、空调机房设备平面布置尺寸；

2) 设备振动隔噪声的要求；

3) 竖风道、管井、水沟、吊顶内风道位置断面尺寸；

4) 设备在楼板安装时的荷载、位置尺寸等；

5) 屋顶冷却塔位置尺寸和重量；

6）设备用水量、水温、水压以及排水量；

7）各机房的用电设备型号、容量、电压使用台数，自启动控制、信号及连锁等要求。

（二）条件图的阶段性成果要求各专业端口审定并确认

　　既然条件图是整体施工图成果保障的必由之路，那么如此重要的内容就一定要做到有据可查，最好的做法就是成果讨论并形成记录，各方审定后并一一进行确认。

三　施工图目录的作用

（一）施工图目录的重要性

　　凡是完整的图纸都会有图纸目录这个部分内容。它既是施工图纸必须的组成部分，又是整个施工图设计内容的纲领性文件，并且对后续各方的看图、识图工作提供了清晰的指导。但是，我们在这里需要强调的是其背后的隐含作用，即在施工图工作开始之前通过对施工图目录的组织和确认，可以明确地分配施工图阶段各专业及个人的工作量，从而更有效地权衡、管理后续图纸的组织工作。

　　我们在具体的项目设计过程中也时常发现类似问题，虽然早在项目前期的合同阶段，委托双方即会谈及工作时间的问题，比如完成施工图两个月时间或者三个月时间。可是，很多项目往往实际已经到了施工图开始的阶段还对项目组的整体工作量不甚了了，有的甚至已经到了工作时间的收尾阶段，各方面仍对整体工作状态没有一个清晰的预判。比如图纸深度是否能够满足业主的要求？图纸内容是否足够完善？如此就必然会形成很多问题，比如图纸质量和内容标准失控，很多不及表达的内容只好要留到图纸的后期，甚至到现场发现问题再行解决。再比如时间失控，造成最后突击赶工或者甚至连赶工仍不能按期完成等等，最终对项目整体成果产生不良影响。而如果能花费一些时间有效地在图纸目录阶段进行一下的讨论和确认，对图纸的范围深度、内容加以沟通，那么未来一段时间的工作量就会跃然纸上。这样参与项目施工图管控的各方工作都会更为有的放矢，清晰井然。

（二）施工图目录的表格形式

如此重要的施工图目录部分最好可以以表单的方式加以明确，详细内容可参照表格4-3的案例。

从表4-3可见，很多目录中表述的内容实际上已经达到了"样图"的深度，只不过是文字化了而已。由此看来，施工图前充分的准备工作是很有必要的。

某住宅项目建筑施工图制图目录及深度统一规定表　　　　　表4-3

主要图纸内容	表达内容及深度	备注
建筑设计说明	按项目统一信息的标准说明	
工程做法表*	用文字详细表达各构造层做法，表达的格式参照以往项目	
区域位置图	总平面，该项目所在范围用灰度阴影标识出，单体平面用更深的灰度标识，层次分明	适当比例，A1图为准，与总图方向一致
总平面位置示意图	该项目总平面，用灰度标识该子项的位置，四角坐标要和总图一致	1:500，与总图方向一致

续表

主要图纸内容	表达内容及深度	备注
一层组合平面，屋顶组合平面	分区编号；二道尺寸、房间名称、室内外标高（室外四角、建筑入口）、变形缝做法索引、厨卫设施布置、家具可省略	1：（100～200），平面较大需分区的建筑，分区编号可在图签栏平面示意中表示出
组合立面	区间轴号；总尺寸、层间尺寸、层标高	1：（100～200）
各层平面或分区各层平面	三道尺寸；门窗编号；户型编号；房间名称；指北针（限一层）；剖切号位置并注明所在图号（限一层），室内主要房间标高，室外四角及入口处标高（限一层），主要构件标高；雨水管准确位置及比例；注明楼梯编号及所在图号（限一层），散水宽度（限一层）；台阶平台定位（限一层）；小院围墙（限一层）构造柱、结构柱	1：（50～100）；用汉字数字表示层数，不用标准层字样，从左至右，从下至上布置多图，家具层在出图时关闭
屋顶平面	二道尺寸；屋面、屋脊标高，女儿墙、烟道顶等标高；雨水口做法及定位，过水管口做法及定位，檐沟宽度及定位	1：（50～100）
立面图	三道尺寸；总高度标高；层间标高；门窗及主要构件标高；两端轴号；门窗编号；墙身索引；外墙材料，颜色及做法，各种外墙上留洞准确位置及大小	1：（50～100）
剖面	地面构造层准确；三道尺寸，总高度标高、层间标高、主要构件标高、剖至墙体轴号及尺寸；房间名称；室内踢脚、门窗高度、立面中未索引到的墙身节点索引	1：（50～100）
户型放大平面图	户型经济指标表（编号、建筑面积、套内面积）；室内门窗定位及编号；家具布置；各设备立管准确位置及按比例绘制形状；管井的定位及做法；检查口的定位及做法（首层及每隔二～三层）；各种留洞的编号；列表表示留洞的种类、编号及大小；暖气片准确尺寸及位置；梁线及梁底标高，必要的索引（厨卫、阳台、空调等）；结构构造柱	如前部各层户型平面均在1：100且不足以反应全部内容，要求在此基础上增加1：50图，屋顶平面可不再放大
厨卫详图*	（毛坯）初装修　只绘平面；各种卫生设备的定位可结合板上留洞定位；与相邻房间的标高关系；地面坡度；地漏位置及留洞大小；管井详细尺寸；检查口做法；各种插座、开关位置；厨房示意各种家用电器位置；与厨卫有关的留洞编号	1：20

主要图纸内容	表达内容及深度		备注
厨卫详图	精装修	在初装基础上增加：地板铺装及用料说明；顶棚装修平面；灯具、排气扇；顶棚用料，厨卫立面	
公共楼梯详图	平面铺装，踏步线应比铺装线粗些；各种定位尺寸；铺装用料规格及颜色；与楼梯间有关的留洞；必要索引 剖面中：可两道尺寸；高度尺寸，层间标高，中间平台标高；标高均用建筑完成面标高；平台踏步宽度尺寸；开关定位；灯具定位；栏杆扶手索引，剖到的门窗尺寸；必要索引		1：30楼梯大样上下梯段第一步装饰的应在同一面上
墙身节点*	正确反映各构造层线、材料图例；楼地面建筑标高；各构件的细部定位尺寸；滴水做法；必要的做法索引		1：20可不反映空调节点
阳台、露台详图*	平面铺装材质规格，栏杆详细定位，排水；与阳台有关的构件，留洞定位，编号及做法；栏杆扶手立面；做法索引；墙身中未反映的阳台露台剖面		1：20
空调位详图*	平面、立管定位，板标高，留洞大小标高，立面，剖面内容同墙身项		1：20
单元入口详图*	入口处平、立、剖面；门牌号；信奶箱，告示栏的位置及做法		1：50
小院围墙详图*	1：50平面，1：20立面，立面正确铺贴，围墙剖面1：10，节点1：5		
门窗立面*	洞口尺寸、位置、开启面积；数量、立面分格以洞口尺寸为准，画出地面线；异形门窗增加平面		用编"a"、"b"角标区分轴线对称关系的门窗。a代表左开，b代表右开
门窗表	需分层统计数量，框料玻璃的选用说明		1：50
通用图	共用的节点、栏杆详图、钢结构雨篷详图，信奶箱详图、外墙面砖铺贴（铺贴详图）、外墙孔洞详图等；构件详图及该项目重复使用的墙身、厨卫等详图等		

注：带"*"的为可列入通用图的内容，带"□"的为可选内容。

四 部件部品的设计支持体系

（一）部件部品的研究成果必须以施工图的形式体现

在前文所提及的部件部品的研究定样工作，适宜在何时以何种方式介入到施工图当中呢？我们希望的方式是，部品的研究成果最好能以施工节点的方式直接补充到施工图中来。这样的施工图最终成果也会更加完善有效。简单来说，就是要求部件设计及材料定样的工作与施工图设计同步进行且同时结束（图4-6）。

此外在施工图阶段，还可以完成用现场模板间验证部品安装的工作。在本章节中，以玻璃雨篷的节点为例，我们建议在特别需要推敲的部位能在模拟实景的位置，先进行一下现场验证。图4-7为雨篷的现场安装，模拟一下真

115

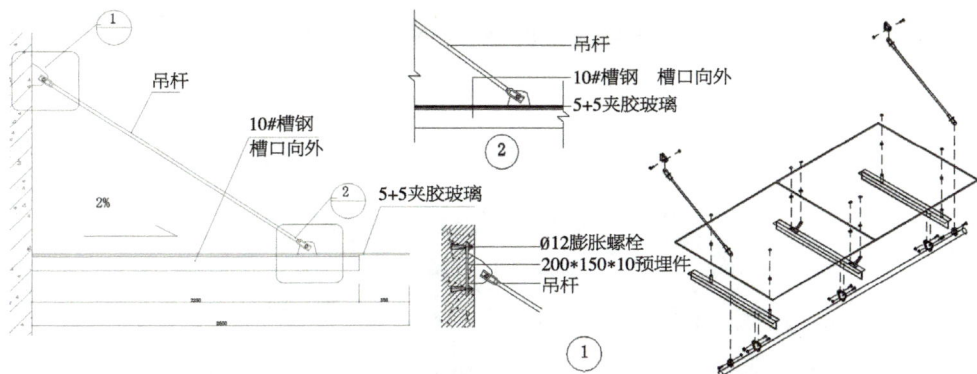

注：雨篷利用玻璃成品接驳件调整排水坡度。

▲图4-6 雨篷的节点图

实的链接方式，真实的受力状况，真实的材料特性（生锈与否）等等，以确定部品的安装方式并检验其施工工艺。当然在施工图期间，最好还能适当前置进行采购等商务工作。因为通过规模化的商务组织，以及更多材料供应外部资源的介入，原有的做法还有可能更为合理和成熟，相应的成本也可能更为优化。

但是在进行这一部分工作时也要特别注意，那就是工程现场安装的方式一定要与实际的工程做法相对应。也就是说，试样的部件一定要真实地满足未来现场实施的工艺要求，否则就失去了其作为试验构件的意义。譬如本段下图4-8中的雨篷就是一个错误的案例，因为固定雨篷上部的两个节点和墙面

◀ 图4-7 雨篷安装现场

◀ 图4-8 雨篷的错误安装

一定不会是以这种方式连接的。这样的试验出的节点的精确程度自然也就大打折扣了。

（二）标准化的部件体系支持

而面对大量的建设工程总量来讲，成体系化的部件部品作为支持才是精细设计成果的根本的解决之道。这一点对于市场需求最为庞大的住宅建设领域的作用尤为突出，它基本上是一个国家完成住宅产业化进程的最重要标志。

也许有人会说，简单的重复和标准化并不能满足目前市场上多样化的产品需求，进而对提升产品品质也并无多大帮助。在讨论标准化和多样化的关系之前，我们在这里首先要明确的是，什么是标准化？如何做标准化？举一个很简单的例子：一个灯泡，它的连接方式只有螺纹和卡口两种——这就是标准化。然而灯泡本身是圆形、长形还是方形，就不属于标准化的范畴。正因为有标准化的连接方式，所以才会使大家不至于因不同品牌、不同厂家的产品而带来使用上的不便；也正因为有各种形状，各种颜色的灯泡，才使产品具有多样化的选择条件。我们要标准化的是技术标准和关键的装配节点。当20世纪30年代格罗皮乌斯提出了房屋设计标准化和预制装配式的理论和规范时，更多的是界定了部品节点的标准形式，单元构件的标准模数以及装配的标准方法，而不是将房屋的平面布置、立面设计进行统一。所以，标准化绝不意味着简单重复和单一化。反而，正是因为有了部品通用的标准，形成了持续发展的系列，产品种类才能更加丰富多样，产品品质才能不断得以提升。

目前国内很多开发企业和设计单位，或从自身发展的需求出发或是从项目的实践出发，都尝试进行了一些类似的材料、部品的研究工作，这些工作对把握设计效果的帮助是相当明显的。但是，暂时的成果无论从能涉及的部品数量、范围角度，还是从未来需要整合的上下游厂家或是行业或产业标准角度来看，目前都只能说是先仅仅解决了紧要的几个问题，未来还有很长的路要走。精细化的部件设计是提升建筑品质的一种手段，不过长远来看，还要依靠产业链条所提供的更高质量的专业服务。

关于这一点有一个典型的例子，就比如本书中多处提及的境外设计事务所中的设计说明撰写人及规范专家的职责，他们的工作非常类似于很多国内开发企业或设计单位的技术部门正在建设与完善的技术后台体系。他们需要进行规范做法及材料工艺的研究，帮助项目建筑师进行部件和材料的设计，并确保说明和技术定义的准确性。这样的设计说明成果内容非常详尽，有的甚至长达几百页，每一种做法、每一种材料都有详述，并推荐至少三家相关权威公司的产品。而实际上这些说明大部分都是根据每个不同项目具体设计的要求，从美国建筑有关部门编写的一套厚厚的类似我国建筑施工规范的书中摘录编写的。这套"规范"每年修订一次，内容及时更新，所以编写人必须对其中的内容相当熟悉才能做到与相关技术的发展同步。当然，这些资料是由整个建筑产业链条所提供的，丰富准确、及时有效，甚至可以做到完全数字化链接，否则这些技术标准研究者恐怕也是"巧妇难为无米之炊"了。

（三）发达国家的部件部品体系

国外的建筑师应该说基本上已经解决了细化设计的技术问题，他们可以帮助业主完成材料定样，其服务甚至可以顺利地延伸到施工管理的环节。那么，作为集成化、工业化水准很高的西方国家，建筑部品的发展是一个什么样的情况呢，对工程项目的设计品质又起到什么样的辅助作用呢？以下我们不妨再花一点点时间做一次小小的环球之旅，来深入浅出地对这个问题做个介绍。

首先，让我们来到工业化极其发达的欧洲。以几个工业特别发达的北欧国家为例。瑞典，自从20世纪50年代开始，已经开始大力发展以通用部件为基础的通用设计体系。瑞典的住宅建造体系中，采用通用部件设计的住宅占

80%以上。因此也被称为"住宅工业最发达的国家"。而丹麦是世界上第一个将模数法制化的国家，大量民用建筑也采用多样化的装配式大板体系。目前丹麦已将所有通用部件通称为"目录部件"。每个厂家都将自己生产的产品及时列入部品目录，定期汇集成行业的"通用体系部件总目录"，内容翔实、精细、完整。设计人员可以极其方便地检索到他们所需要的部件部品，并任意选用总目录中的部件进行设计。

　　这个体系所发挥的作用从以下的这个小小工程设计案例中就可见一斑。

▼图4-9　北欧五国使馆，其考究的细节和材料设计令人印象深刻

北欧五国大使馆，丹麦、瑞典、挪威、芬兰和冰岛五国在柏林的大使馆，也被称作"北欧国家大使馆"。通常使馆建筑容易因为安全因素，而被处理成为一个类似像核电站似的冰冷建筑，但这个建筑却是个例外。主入口的玻璃门采用的是装甲玻璃，不过是透明的，上面还印有磨砂工艺的示意总平面图。外墙上采用了近4000块因氧化而变成绿色的铜质百叶板，同时也兼顾起到了遮阳和安全之用。同时因为北欧地处严寒，原始文明所依靠的多为渔业、林业和牧业，为了追索其文脉内涵，新的建筑充分展示了他们能如何巧妙地利用木材和生态型技术，譬如那些落叶松木、玻璃组成的立面片断，再譬如那些冰岛产的黑色浮石。轻松、优雅、自然的部件设计使整体建筑群就宛若矗立在山石、林木之间的一片极地绿洲。

此外，在我们熟悉的欧洲大陆国家中，法国几乎可以称得上是最早推行建筑工业化的国家之一。它创立了世界上"第一类建筑工业化"技术体系，即以全装配大板工具式模板现浇工艺为标志，建立了许多专用体系。之后，法国又率先向发展通用构配件制品和设备为特征的"第二类建筑工业化"过渡。为发展建筑通用体系，法国于1977年成立构件建筑协会（ACC），作为推动第二代建筑工业化的调研和协调的中心。1982年，法国政府调整了技术政策，推行构件生产与施工分离的原则，发展面向全行业的通用构配件的商品生产。目前在法国，混凝土工业联合会和混凝土制品研究中心编制出一套G5设计软件系统。这套系统遵守同一模数进行协调，将具有兼容性的建筑部件（主要是楼板、柱、梁、楼梯、围护构件、内墙和各种管道）汇集在部件目录中，它会告诉设计使用者所有有关技术选择的规则、各种类型部品的外形、技术数据、功能参数和具体尺寸，以及各个部件之间的连接方法，特定建筑部位的施工措施，产品的性价比等等。采用这套软件系统，可以把任何一个建筑设计轻松"转变"成为使用工业化建筑部件进行的设计，品质充分得到保障而又丝毫不会改变原创设计的特点（图4-10）。

▶ 图4-10 巴黎德方斯大门——由工业部件"组建"的大体量现代设计作品

我们的亚洲近邻日本，住宅产业已经建立了几十类住宅部品的认定标准，共有近20000种通用部品模块，材料、部件的集成度极高，模块高度标准化。与欧洲不同的是，日本住宅产业化的发展很大程度上得益于住宅产业集团的发展。住宅产业集团是根据日本住宅产业化发展的需要，而产生出的新型住宅企业组织形式，是以专门生产住宅为最终产品，集住宅投资、产品研究开发、设计、部品构件制造、施工和售后服务于一体的住宅生产企业。他们可以自己生产围护体系、管材以及厨卫设备，并且有能力整合十几家以上的供应商参与工厂化的生产。其中以某住宅集成商为例，其全部工作量在工厂制作的比例可达到90%以上，生产一套成品住宅往往只需几天的时间，而且品质非常可靠。这与我国目前建筑施工行业大量依靠手工现场作业为主，工期动辄以年度为单位为计，工程质量却难以保障的状况形成了鲜明的反差。

在大洋彼岸的美国，建筑产业目前共有超过五万种通用部件。美国整体上更强调部件之间的组合灵活，实施过程要有秩序、有规律，并且多样化。这一点从另一个数据上可以印证——人均竣工面积。这是反映一个国家生产、施工的综合性指标。美国的人均竣工面积可达到60m²以上。而我国的人均竣工建筑面积尚不足30m²左右。由此可见，部件开发、生产和供应的标准化、系列化、通用化是保证最终产品功能与质量的基础条件。

最后，让我们走进美国大名鼎鼎的伊利诺伊理工学院（IIT），这可是崇尚建筑现代工业化生产和机械美学的朝圣之地。在这个强调建筑功能的设计逻辑和材料细节的地方，在现代主义建筑大师密斯·凡·德·罗（Mies Van der Rohe）曾经教学工作的地方，让我们走近一座"不太起眼"的建筑来结束我们这次旅行，也借这个案例再次领略一下精细的材料所散发的魅力。

在伊利诺伊理工学院中有一条南北走向的高架铁轨从学校中间穿过，将校园一分为二。就在高架铁轨站旁有两栋2003年建成的建筑，其中一栋是学生中心，设计者是荷兰建筑大师雷姆·库哈斯（Rem Koolhaas）。由于高架铁轨就从这个建筑上穿过，因此建筑被设计成用一个金属外皮的椭圆形桶体包着，形成一个有效的"消声器"。下面的一层建筑包括餐厅、活动中心、网络区、商店等综合功能。库哈斯将各种室内外空间序列、不同标高的地面、天花，以及各种材料组合在一起，并让各种功能在一个"平层建筑"中互相摩擦，模拟出一个充满活力的空间。而建筑空间充满的戏剧效果也深为世界各地的年轻建筑学子所喜爱。建筑设计本身相当现代，建筑立面材料采用木纹面的人造膜材料饰面，而橙色作为主色调，使建筑显得快乐、温暖、大方。建筑细部无论从简单的涂料还到略带视觉魔幻效果的金属质感墙纸，都从细微处让人感受到学生的内在活力、社会发展的速度，还有伊利诺伊理

▲ 图4-11　映印在优美环境中的整体建筑远景

▼ 图4-12　建筑的玻璃入口

▲ 图4-13　玻璃的局部

工学院崛起的信心（图4-11～图4-13）。下面让我们再次由远及近，走近这座建筑吧。

　　没错，就是这"普通"的入口门上的玻璃，它是用各种国际通用的人体行为符号组成的密斯的头像。这是在通过精细的材料刻画来对大师致意么？也许通过一旁的校内道旗我们可以找到答案——"Transforming Lives. Inventing the Future."——"改变和创新才有未来"。

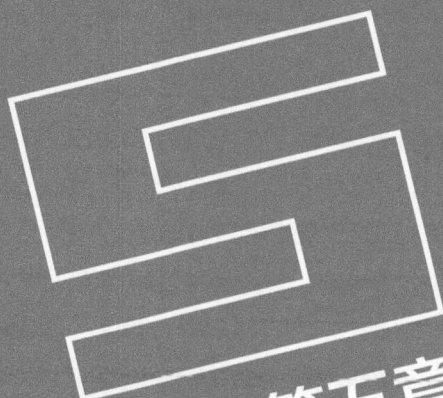

第五章

设计与模型

一　模型工具的概念

作为接受过专业建筑学或工程学科训练的人员都知道，模型工作是设计过程中的一个重要的环节。我们在学校教育、工作实践期间也都一定或多或少参与过模型工作的过程，有的是自己动手制作的课业模型，作为设计阶段成果的表达；有的是委托模型制作公司对于最终产品的精细描述；有的则是在电脑中树立起一个方案的三维形象以便于设计师随时思考和推敲。不可否认，模型推敲是一个非常重要、不可替代的设计实体化工具。我们在此也不想就这个工具的手段和方法再做过多的描述，我们需要关注的是，目前国内设计师的日常设计状况下，工作模型这个概念有些被混淆的趋势。

（一）首先，"模型基本是到最后才做的"

确实，模型由于其具备全面、形象直观的特点，往往在后期设计成果表现阶段具备不可替代的优势。因此，在最终投标方案的述标过程中，在最后设计成果的汇报过程中，乃至在产品后期对外销售展示的过程中，大比例的、真实材质的实景仿真模型通常会作为重要角色粉墨登场，大显其能。而最终模型的精细程度和美观程度又往往可以代表了产品的表现力，并直接展示了设计师的能力以及对于方案的精力投入，甚至是说明了方案本身的好坏。也正是由此，目前国内市场上模型的表现功能已似乎远远大于其方案推敲工具的功能，也就造成了"最后的模型"才受人如此这般的欢迎和重视的状况。

但是，我们也知道一些设计团队或设计师，特别是那些有国外教育或设计经历的设计师，他们往往对于前期阶段性模型的重视程度要远远高于我们目前对于前期方案推敲模型的重视程度。在设计之初，他们往往即有计划地开始安排模型体块的制作，在每个设计深化的阶段都会有相应的模型推敲，直至最终的设计成果完成。每个阶段的模型都有其自身的要求和价值，可以充分辅助解决相应的方案问题。当然，每个模型的材质和制作深度都是可以灵活安排的，有纸质的、木制的、金属材质的等等，描述深度也百花齐放，不求统一。参观图5-1，精致的建筑模型。

图5-2和图5-3是笔者在参观法国建筑大师勒·柯布西耶（Le Corbusier）的萨伏伊别墅（Villa Savoy,已经变为一所纪念性建筑）时拍摄的一些大师的工作模型照片，以供参考。

▼图5-1 五彩斑斓的精致建筑模型

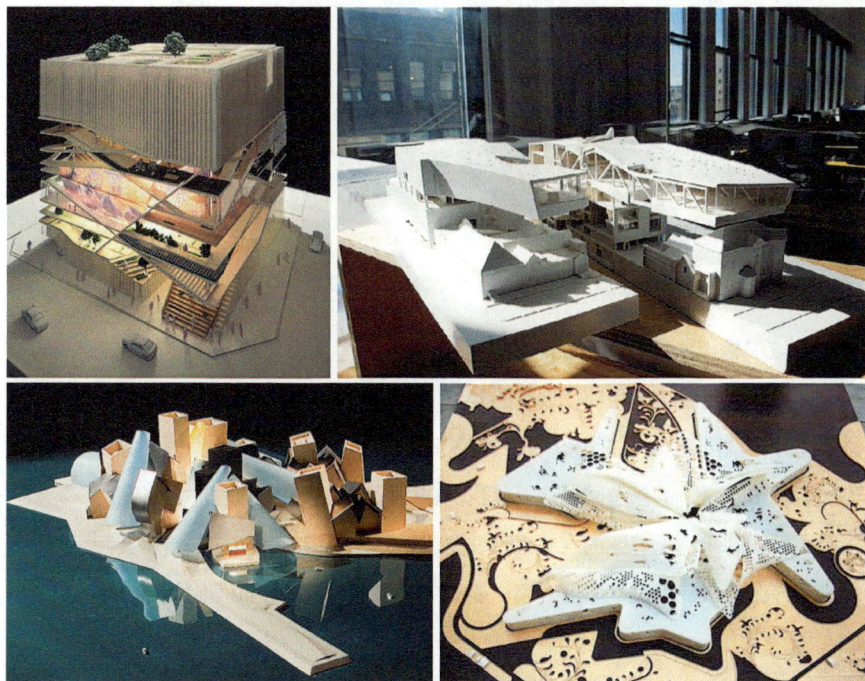

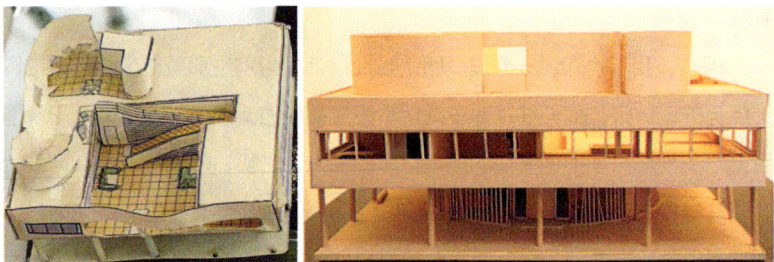

▲ 图5-2　简单的纸制意向模型　精细的木制素模照片，同时该素模在纪念馆内作为纪念品对外进行售卖

▲ 图5-3　完成后的建筑现场实景

应该说像以上图片所示的过程模型是我们每个人都可以从容完成的。那么，是什么造成这个习惯和现状的差异呢？除了上述我们提到的市场上的诱因以外，是否还被其他因素所左右呢？其实，我们不妨再向上追根溯源到我们的教学阶段，请各位回忆一下，我们在阶段成果的教学过程中，通常对于过程模型制作也无特殊的定量或定性要求，即使有要求，也往往对于要制作一个什么样子的模型，做这个模型要集中解决哪些问题，如何制作这个模

型，中途如何修改模型，如何使用模型等问题也缺少严密而理性的辅导或指导，因此也形成了过程模型制作习惯和使用意识的相对薄弱。而在实际设计工作中，由于工作量日益增大，原本合理的工作时间已被大幅度压缩，可能也客观造成了模型后期表现化的趋势。

（二）其次，"模型完全是该由模型公司完成的"

不可否认，通过整体中国工程及建筑设计市场的不断壮大，以及后续配套服务市场的不断完善，诸如效果图、模型、装裱公司等等的专业市场不断细分，现在市场上已经涌现了大量的专业模型制作单位。他们人员规模庞大，设备精良，服务到位，制作成果工艺考究，作为辅助分支机构已经大大地分担了设计师、设计公司的工作压力。同时，也可能部分由于前文所述的原因，模型已经逐渐演变成为一个完全可以由另外一批人，另一家公司在另一个时间阶段才会完成的一项工作了。

大家都清楚，设计师本身的工作性质就决定了其手脑配合能力是推敲、解决设计问题的关键。而这样手脑协调的过程是从设计工作开始就会发生，直到设计完成才会基本结束，并且是会随着设计过程的不断深入而不断发生问题，发现问题，解决问题，这样也是最为顺理成章的。由此，我们也不难看到有些设计师和设计团队，他们习惯性地配备简单的模型制作工具，并随时可以根据设计需要及时解决问题。比如，笔者所了解的绝大多数美国的建筑设计事务所及建筑师，在设计过程中都习惯做工作模型来推敲设计，不论是方案阶段还是初步设计或施工图阶段，都会做很多必要的工作模型，这部分工作一般都会由项目组内的建筑师自己完成。有些事务所会设有专门的模型制作场所，配备相当专业的工具，在具体的内部分工中还有专门的模型师，他们当然也是专业人员，而在任务紧张的时候还会从外面临时聘请模型师，按时间计费，协助工作模型的制作。

▲ 图5-4　境外公司模型制作部门的一角，特别是请注意图5-4的窗外，那是一览无余的海景，在这样的场景下的模型制作，其重视程度可想而知

▲ 图5-5　设计师自己排布、推敲模型

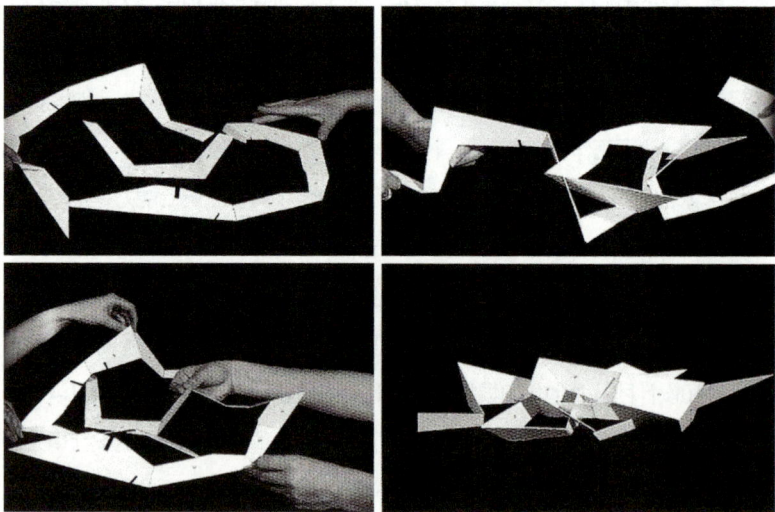

▲ 图5-6　丹佛美术馆的折纸模型"两条线做成一个通道"

　　图5-6为丹麦美术馆在设计之初的折纸模型推演过程，更成为设计师的设计思路形成、推演、实现的经典案例。如此有效利用各阶段工作模型，特别在有些方案创作早期阶段，有些问题通过简单的切割和处理，就能在模型

上发现问题，而解决问题更是举手之劳的事情；反之，等到了最后由模型公司完成的表现模型的时候，整体设计工作早已经定型，甚至工程现场已经开工，想再调整则为时晚矣。

（三）"模型完全可以用三维电脑或图纸等其他工具替代"

有些时候很无奈，很多习惯和做法的效应是累加的，无论他们正确与否。比如，在以上两种情况的前提下，很多人也自然而然提出，由于自己主导模型工作可能是如此"繁复"，而外包模型制作工作又往往是一次性地发生在设计的最后阶段。那么，如果在设计阶段中涉及需要模型推敲的时候，我们不妨用电脑建模的方式来解决吧。诚然，现在不断推陈出新的电脑辅助设计技术已经越来越先进，也确实能为技术工作者提供很大的帮助。但是，凡是有做模型习惯的人都会感受到，模型在各个阶段的实体化作用对比电脑工具有着很强的优势。在设计不断深化的过程中，各阶段的模型可以不断地起到相互补充、对比的作用。此外，在处理大型的建筑单体拼接成的建筑群的时候，很多建筑整体中的细小体块和体面如果仅仅依靠电脑模型是很难被辨析或极易被混淆的。而在面对体量相对复杂的建筑单体中，模型所起到的作用更是无法替代的。譬如弗兰克·盖里（Frank Gehry）设计的这类令人惊叹的作品，即便是对盖里本人来说，他甚至都厌于看到计算机屏幕。

再比如勒·柯布西耶设计的朗香教堂（Notre Dame tu Haut），像这类宛若天成的神来之笔，试想，在那样一个电脑辅助手段作用有限的时代，如果没有模型的辅助，这类建筑师的概念和草图如何一轮一轮逐步深化呢？

其实，计算机模型和物质模型的性质是一样的，都属于劳动密集型操作。而且大家都可以理解，电脑辅助设计手段的原理是统一的，在即便是处理最简单的图像时也要具有一套专门的信息输入方法。因此，对于某些相对简单的工作只要求对系统有一定了解即可，比如画一个闭合的多边形或者是

131

弧线，等等。而对处理复杂三维模型这样的较为精细的工作则需要更多的，甚至是高难度、复杂的命令。同理，任何一处的任何一次修改也要经历同样的历程。由此我们也不难理解，当弗兰克·盖里（Frank Gehry）在探索他的丰富空间的时候，他也需要他人专项操作这些知识。并且，计算机在实际创造空间领域的知识极少。计算机更擅长实现一些便捷的技巧，例如在自然或人工灯光条件下渲染对象等等，它们的实际作用和灵活的绘图板没有太大

▼ 图5-7　盖里设计的洛杉矶迪士尼音乐厅草图

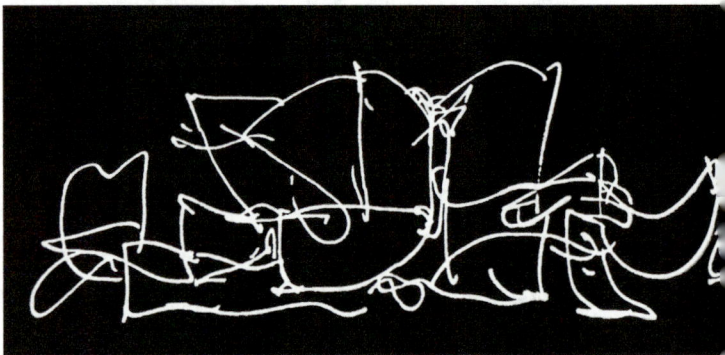

▼ 图5-8　音乐厅外观实景
▲ 图5-9　建筑物立面上复杂的曲面关系

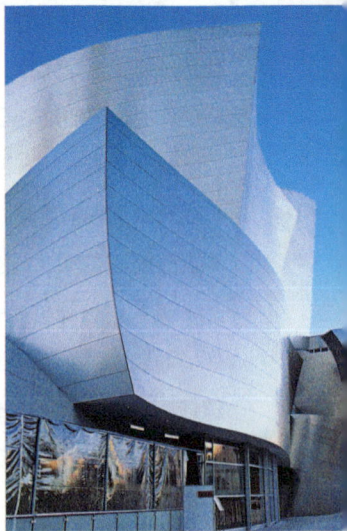

▲ 图5-10 柯布西耶设计的朗香教堂现场实景

区别。如果我们想和一台计算机讨论，在某种条件下一个设计到底能做到多好，那么计算机需要不只是完成几何形体方面的知识，还要包括推敲、思考这些形式背后实际要表达的内容，在这一点上计算机能发挥的作用还是相当有限的。反之，模型制作的控制过程很多情况下是设计师们主动、直接、便捷的思考创造过程，同样对于修改、调整来讲也是如此。

笔者也曾亲历过一些大型的国外设计事务所的工作过程抑或是大师的创作过程。模型工具使用之频繁、熟练，都是国内很多设计单位或个人意识所完全不具备的。当然在这里还是要强调，作为建筑设计师你必须要能够知道为什么在这个阶段要制作模型？做一个什么样的模型？这个模型要达到什么样的标准？这个标准的模型要集中解决哪些问题？并且，还有一个必须的前提条件，就是你一定要有主动使用模型工具的意识。实际上，我们由衷希望，模型可以真正成为一个设计工作者的日常工作习惯，而模型制作工具也能像绘图纸、绘图笔一样的成为设计师们不可或缺的设计辅助工具。模型完全应该像我们的概念草图、深化图纸最终到施工图纸一样，成为设计实体化过程中最有效的工具。

二　设计模型要如何做——分阶段做

在明确过一些概念和现状的分歧之后，我们如何来做才算正确呢？首先要明确模型工作应该严格遵循分阶段、由粗到细、由框架到节点的制作及使用程序。

以下我们就以一个普通的设计项目为例，来真实再现分步模型制作的过程，以及每个分步阶段需要关注的内容。这是一个并不复杂的居住区中的某几栋单体的设计过程，该区域被独立在整体规划中的一个三角区域内，主要功能为一栋公寓楼和配套商业街。多个单元拼接的公寓共11层，线性商业街2层，建筑面积约2万m²，原始场地平整。

由于其周边毗邻的单体均为该居住区的主力产品，所以设计者的意图是要将主要价值让位于周围的产品。或者说，创作者希望周边客户从其居住的楼上看到这条商业街的时候，不再是一条杂乱、无趣的两层商业的屋顶，而是希望将商业处理成一个以一层为主的建筑，而尽量减少二层的建筑体量，并使一层屋面空间尽可能丰富并景观化。同时，商业街还要考虑结合周边场地和公寓楼，交通相互穿插衔接。简而言之，设计师希望从周边视野来看，商业街更像是一个从地面的景观环境中生长出来的一层建筑。此外，涉及商业及公寓的立面风格，要充分利用公寓楼的外墙系统，包含开窗、隔墙、百叶、空调室外机位设置的组合变化，创造与室内居住类空间单一功能模式相差异的立面变化，最终形成体块、虚实、材料、色彩之间变化的一种现代构成风格。

在面对这个两种功能、并不复杂且又有清晰意图的设计项目，假设全程模型跟进，需要如何关注、利用好模型这一工具呢？

（一）前期规划阶段的场地研究

地形模型应按照地块地形情况，完成地势分层、周边道路、市政设施等条件的制作，要特别关注场地内的竖向变化，反映出方案的原始初衷，最好在有比例图纸背景上描述，并且建议通过清晰的切割、折叠，把地势在整体方案中的特别之处反映出来（图5-11和图5-12）。当然对于那些更为复杂的坡地、山地，有效的场地模型就更能有效、准确地反映出地形地貌的特征，也能帮助专业设计师快速、敏锐地把握到设计的重点难点，从而推动整体设计。

对应这一点，在对外的沟通、汇报过程中，设计师应侧重强调对于场地条件、总图组织、规划构思和创意理念等等，同时对于被汇报人的兴奋点的引导，也应以上述线索为主。其他关于建筑单体的内容应该明确不是此阶段需要关注的重点。

135

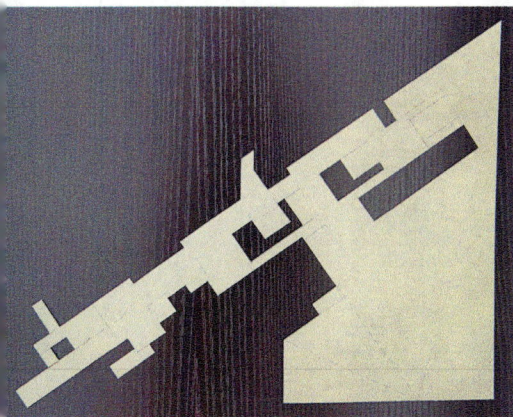

▲ 图5-11　按比例切割的场地平面

▲ 图5-12　比例场地平面折叠后，反映出的未来设计中的高程变化

（二）总体规划模型

　　建筑体块应深化为相应比例的单体模型，环境景观也需作相应表示，其余内容要求同规划体块模型。单体体块不宜过于复杂，应在地形模型基础上，完成建筑体块表示，并按照实际的标高关系置于总体模型上。这一阶段的模型反映出整体的体量状况和与周边环境的关系即可，期望能就整体规划及建筑方案雏形达成一致，以便后续设计深化（图5-13～图5-14）。

　　这一部分设计师实际上已经对整体规划、单体方案与周边环境的关系、方案，平面关系及经济技术指标等均有所推敲、比较。但是需要注意的是，这个阶段仍处于设计的前期阶段，沟通过程仍应以设计概念意图的彼此理解和认知为主，模型也属于草模或过程模型状态，只不过对于涉及内容有了一个更清晰、直观的理解。虽然这个阶段可以逐渐开始考虑、收集一些部品、

136

▼图5-13　清晰场地之上的总体规划模型
▼图5-14　总图环境、场地、建筑单体体块、基本单元组合形式关系等

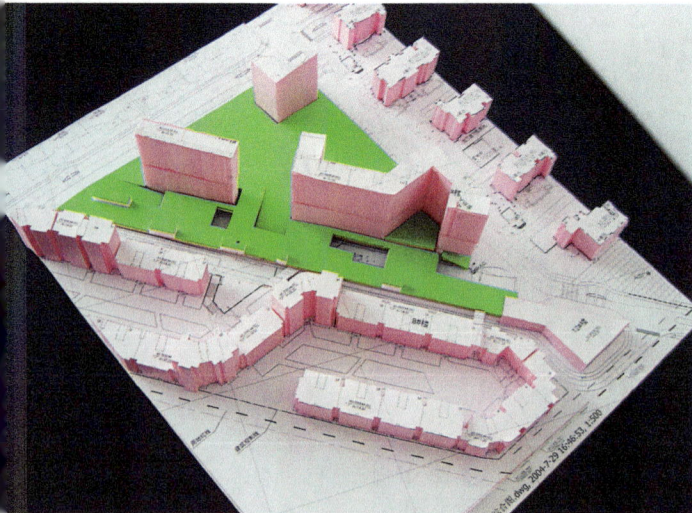

材料的思路——如上文所述的第一轮材料部品清单的素材，但切忌深入到过细的局部而不能自拔。

（三）单体阶段的建筑推敲

单体工作模型，须完成外立面分色，外墙材质及屋面材质的制作，并按照项目要求确定比例。

这个阶段就需要有比较清晰的单体、部品及应用技术概念进行配合了。此时，主要的原始概念设计理念已经被接受，设计进入单体方案阶段。整体设计基本完善，片段、细部的设计均有所考虑。所深化的内容均比较成型，可以就方案细节进行较为深入的交流。当然前期对于方案概念的理解和统一的步骤是非常必要的。此阶段方案沟通的重点，应着重强调具体方案细节的推敲和研讨，如果前一概念方案阶段有大量的未达成一致的疑惑，在此阶段就有反复的可能（图5-15～图5-19）。

◀ 图5-15　"两层皮"的原始单体设计立面构思
▼ 图5-16　完成体块分割、构成、组合的立面

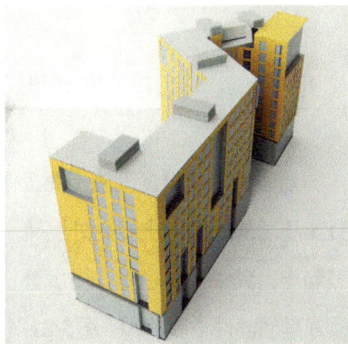

▲ 图5-17　准确的体块、开窗位置、连续墙的立面模型
▼ 图5-18　基本完成分色、材质选择，部品设计的单体模型
▶ 图5-19　基本完成分色、材质选择，部品设计的单体模型

（四）实施阶段模型的细部研究

对于即将开始全面施工图工作的设计来讲，实施模型须完成外立面材料真实质感的反映，主要为外墙砖、屋面、格栅等。同时要完成一定深度的细节制作，其中包含栏杆、雨水管、分户墙等项。再比如窗，就要有必要的窗棂或其他部件（图5-20～图5-22）。比例可按照项目要求确定。

这个阶段，方案已经基本进入深化设计阶段，具体的材料做法均在研讨当中，重点的设计材料的试样——定样工作同步开展。那些被认可的内容逐步体现在模型的制作过程当中，所有涉及的细部均会在实体模型上逐步完善。在这期间，还很可能需要一些大比例的局部模型，比如入口、屋顶造型等等，以充分展示方案的细部，近人尺度的推敲。总之最终的目标是，成果模型会结合设计过程中的其他研究成果一并转入到施工图设计的过程中。试想，有这样一个模型作为设计团队工作中的随时参照，有如此清晰的立面处理、屋面变化、雨水、散水定位等对应细部，对后续施工图的有效组织也是一个极大的帮助。此阶段的技术沟通工作则一定要注意全面、细致，不可顾此失彼。

▲ 图5-20 完成准确的部品、部件设计的实施方案模型

▲ 图5-21　砖的划分，百叶、带窗楞的窗以及其他部件的细部
▼ 图5-22　玻璃、面砖、氟碳漆、涂料等不同材料的交接

三　工作模型如何使用

至此我们仍想阐明一下，通过正规、系统的专业教育，我们其实对于模型工具的使用都有一定的基础，也并不缺少模型制作的基本能力。这里想表述的不是狭义上如何去切割、折叠、粘结模型材质，也不是如何去修改、使用我们的模型工具，而是通过我们实际的设计过程推演，从意识上、从内心真正接受并使用好这一工具。

工作模型最好要全过程配合，这一点在上面具体案例中应该已经能得到比较清晰的展示。模型要随着设计深化进度，从切割的体块到放大的建筑细部，参与到每个阶段的方案研讨，具体过程可简单参考图5-23。

在这么多模型使用阶段中，每个模型如何与设计方案相配合呢？或者每个模型又如何独立发挥作用呢？我们推荐的方式是，方案草案图纸和工作模型要相互结合，并在完成后形成充分讨论。在讨论统一意见形成之后，可以通过对模型拍照，然后利用图片编辑软件在模型的照片上标示出意见（模型过多、时间过长可能不易保存，而图片等电子文件则较之容易很多）。之后再返回模型制作过程进行修改。这样设计师的图纸思考与手工制作联系，手脑互动，并能留下充分的记录，具体可参见图5-24～图5-26。

特别需要注意的是，从单体至组合体阶段，这种模型——讨论——照片——模型这种反复深化的过程尤其有效。以一个简单的住宅项目为例，见

141

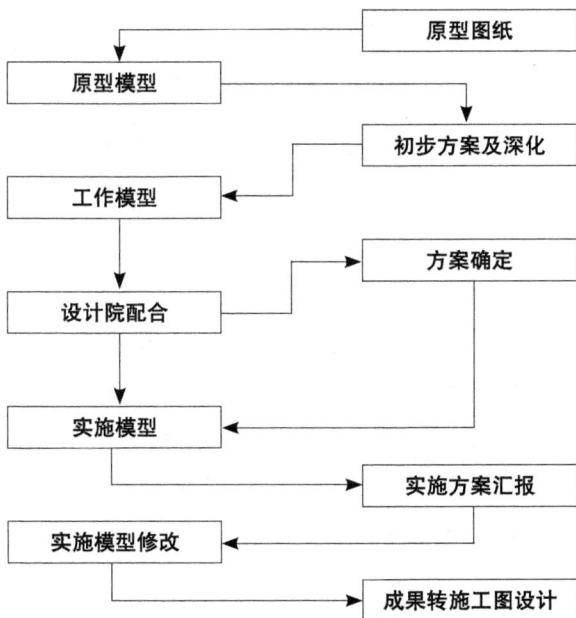

▲ 图5-23 单体设计与模型互动配合方式

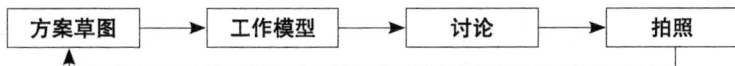

▲ 图5-24 工作程序图

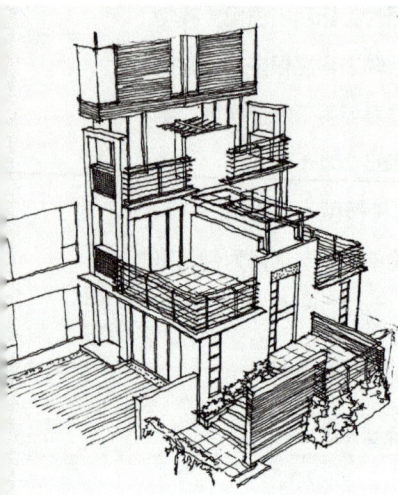

▼ 图5-25　局部入口设计的草图
▲ 图5-26　依据草图完成的工作模型

图5-27，单体设计或立面可能已经基本推敲妥当，但是当综合地形条件，几组单体、几个组团的关系整体完成后，你又会发现不同场不同单体之间的，特别是拼接处的问题，整体立面组合效果的问题等，而这些情况远非是在普通电脑工具上可以发现的，至少不及模型工具直观。

在下面案例中，单体以及组团模型照片上的彩色及时贴和红圈处的问题，是提示下一步设计师要修改、记录的重点。比如：虽然是统一的单体，但因地形差异产生的侧墙开窗问题；两个首层小园的分户墙问题；因为拼接产生的前后单体体量关系问题，立面的组织问题；某些单体深度不统一的问题等等。之后如何处理呢？依据我们上述的方法：讨论，然后整体拍照标注，并系统反映给模型制作环节和设计深化环节一并修改（图5-27～图5-29）。

▲图5-27 将拼接后的工作模型贴上标记

143

▲图5-28 将贴上标记的工作模型拍照并做标示
▼图5-29 整体组团的工作模型标示、拍照并做记录

四 如何组织大量的模型工作

按前文所述，模型工作对于设计各阶段工作都有着如此重要的影响。那么，一定会有人说，如果我们现在立即着手修正我们的设计辅助手段和工作方法，像培养一个良好工作习惯一样地培养模型制作意识，那么，以我们正在设计的工程量，以我们即有的模型制作能力，假设每个阶段都需要模型的话，我们恐怕就只能把精力全放在模型上了，甚至要全天候地监控模型制作，哪还有精力来画图纸或完成设计师的其他工作呢？

没错，如果每个步骤、每个模型都需要去单独委托专业公司完成，以目前的条件和工作量，模型工具是根本无法推广的事情。但是通过系统的组织工作方式和一些手段是有可能解决这些问题。

首先的建议就是，如果我们确定使用模型这一技术辅助工具，以现在市场上比较通用的模型制作方式，我们不妨先尝试通过完整的技术组织，来落实一家有实力和有意愿的模型制作单位。

那么在落实过程中又要注意哪些事项呢？首先，既然要长期合作，就要明确合作内容，即制作范围或者是预估出某一阶段的工作量。比如可以尝试以年度为单位或者以年度设计面积为单位，包括未来准确设计的项目均要纳入合作范围。另外，还要基本考虑到可能涉及的模型种类，比如：规划模型（地形模型、规划体块模型、总体规划模型）、各类型单体模型（工作模型、实施模型）、公建模型（工作模型、实施模型）、局部大样模型等等。当然，还要明确不同的交货时间（制作工期），验收依据、模型的著作权归属等细节问题。

其次，要特别统一、明确制作要求，也就是工艺要求。比如，主体基本是使用什么材料？ABS板还是普通板材；还有就是要明确特殊工艺要求运用什么样的设备，比如要求电脑精雕机雕刻墙体纹理或者有机玻璃要通过镭射电脑激光切割机切割等等。在这个环节中，要特别注意的就是细节控制，比如对于窗和窗框、窗棂等效果的明确要求。再有就是一些其他往往容易忽视部分的工艺最好也要有所约定，模型底座台，是采用美国松和夹板制作还是其他板材。当然，在这期间也要对整体工作量适当灵活处理并留有余地。对那些暂时无法确定的内容的约定，比如玻璃雨篷、屋顶构架，分户墙、院围墙，我们建议可以约定为根据图纸及实际制作要求另行明确等等。还有就是分阶段明确深度要求。比如前文所述的地形模型、规划体块模型、总体规划模型、单体工作模型、实施方案阶段模型的要求都要一一明确。

此外，由于是工作模型，必然会存在大量的修改工作，还要特别注意修改程度的约定。譬如，立面大规模修改多少比例以上需重新计费，涉及局部材质改变、开窗方式改变、墙体凸凹等变化，哪些可以按模型重做计算，哪些按局部修改工作统计比较适宜，如何收费等原则。另外，还要约定双方职责，比如设计师首先有责任向模型制作者提供准确、清晰的图纸、数据文件及制作要求，并有权在模型制作期间前往现场审查模型制作情况，随时提出修改意见，而制作方也需在几个关键的环节，诸如起架、喷色等阶段通知设计师进行现场确认。

最后再介绍几个小工具，它们可以使组织过程更便于操作。第一个就是结合前文技术要求，尝试约定某些类型模型的单价，即模型制作的完工价，并统一成表单方式作为双方工作约定的一部分，以后其他多次、多数量的模型就都可以参照这个价格体系来执行了，见表5-1。

另外，就是尝试把一些通用性的构件也统一成标准的价格体系。当然，这可能仅适用于组织大量的设计项目或常见的构件大样。如果可行的话，这

模型价格控制表　　　　　　　　表5-1

规划模型	单价（元/m²）		
	1：500	1：1000	1：2000
地形模型			
规划体块模型			
总体规划模型			

注：单价单位中平方米指模型底板实际尺寸

单体模型		单价（元/单元）		
		1：30	1：50	1：100
平层公寓	工作模型			
	实施模型			
小高层或高层	工作模型			
	实施模型			
别墅	工作模型			
	实施模型			

公建模型	单价		
	1：30	1：50	1：100
工作模型	根据各项目情况确定		
实施模型	根据各项目情况确定		
大样模型	单价		

根据各项目情况确定

也意味着在未来大规模的模型制作过程中，统一的技术深度和工作量将使双方核算价格变得非常容易。并且这些表格是可持续的，包括以上的那个表单，大家都可以不断地填入新的内容，并根据市场情况定期对价格进行修正和调整。具体方式可参照表5-2。

这样的话，设计人在需要进行具体模型制作的时候，只需简单填写类似表5-3的表单，就可以操作了。最终财务部门可以统一以月度或季度为单位进行费用结算。再剩下的就是设计师可以把所有精力都投入到设计与模型的具体推敲中去了。

总之，一如前文反复提及的，在设计过程中要尝试运用的系统、精细化的管理手段一样，我们并不是强调要在具体的某个环节上提供一个可以完全

模型构件控制表　　　　　　　　　表5-2

模型名称	尺寸及价格				模型照片
统一的外立面构造	尺寸	测量值	长度	0.56	
			高度	0.36	
			面积	0.2020	
		计算面积		0.20	
	价格				
内庭	尺寸	测量值	长度	1.16	
			高度	0.76	
			面积	0.8816	
		计算面积		0.88	
	价格				
入口门斗	尺寸	测量值	长度	0.82	
			高度	0.53	
			面积	0.4346	
		计算面积		0.43	
	价格				
门斗雨篷	尺寸	测量值	长度	0.21	
			宽度	0.14	
			面积	0.0294	
		计算面积		0.03	
	价格				
户型拼接处放大模型	尺寸	测量值	长度	0.50	
			高度	0.90	
			面积	0.4500	
		计算面积		0.45	
	价格				
立面局部放大模型	尺寸	测量值	长度	0.60	
			高度	0.91	
			面积	0.546	
		计算面积		0.55	
	价格				
首层花园	尺寸	测量值	长度	0.41	
			宽度	0.66	
			面积	0.2706	
		计算面积		0.27	
	价格				

147

项目模型制作审批表　　　　　　　　　　　表5-3

模型名称				应用项目		
制作比例		数量		方案阶段		
单体模型深度要求	□原型模型　　□工作模型　　□实施模型					
	□分层处理	□立面色彩	□砖墙分缝	□砖墙填色	□涂料分缝	□屋面檐沟
	□雨水管	□空调机位	□真实栏杆	□真实百页	□真实雨棚	□门窗分隔
	□院墙栏杆	□小院地面	□阳台地面	□室外道路	□衔接部分	□其他
规划模型深度要求						
大样模型深度要求						
模型制作目的						
其他事项	制作时间			完成时间		
	制作价格			责任人		
	基础资料提供			经手人签字		
确认	项目负责人 年　月　日		经理 年　月　日		已登记入财务台账 （盖章）	
过程确认会签						
基础资料提供，模型公司签收						
委托及制作双方记录并确认			时间及调整内容			
模型制作完成签收						
委托及制作双方记录并确认			时间及调整内容			

套用的模式，而是期望介绍给大家一种思考、处理问题的方法。在工作模型这个部分的组织环节上，如果你对于模型工作能够进行系统化管理的内容越多，如果你能进行归纳和总结的规律越多；你发现最终用在设计操作环节上的精力就会变得越来越少，而模型这个工具也就会越来越方便的为你所用。

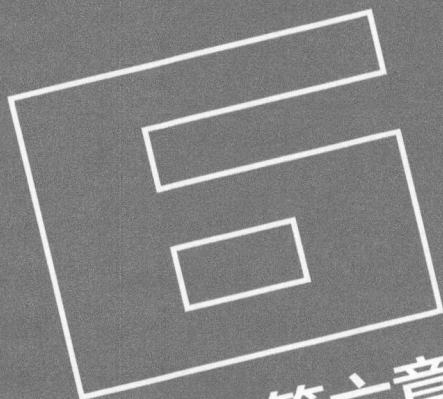

6

第六章

精细化的
施工图成果

一　设计成果质量控制体系

（一）施工图的重要地位

施工图作为设计成果在任何时候的核心地位都是不可替代的。境外的一些建筑设计事务所更是致力于创建深入定义、高度周密的文件，并且必须确保图纸完整、可行。通常在美国的施工图指引文献的首页，都会明确施工图文件必须满足AIA B141美国建筑师协会的规范要求。特别需要指出的是，该原则明确强调了施工图须与之前阶段的扩初设计以及成本预算相匹配的重要性（"…The Architect shall provide Construction Documents based on the approved Design Development Documents and updated budget for the Cost of the Work…"）。

全套的施工图从图纸内容上还包含了详实的面积计算表单，（绿色）可持续设计图纸、单独的可持续设计专项报告；图纸上则涵盖了市政外网设计图纸、总图场地设计图纸、建筑专业图纸、结构设计图纸、机械设备图纸、给排水专业图纸、电气专业图纸、垂直运输专业图纸、暖通专业图纸，设计说明，此外，还有项目管理手册汇编和材料做法、应用技术描述，成本估算等等。

从上述内容来看，境外设计师的施工图无疑是全面而精确的，而我们的施工图纸和他们眼中的施工图还是有不小的距离。这是整体行业的专业环境和技术体制差异所决定的。也就是说，在不同的行业状况背景下，就自然会衍生不同水准的工程实施图纸，而这都是针对自己使命完成着对应的建筑工程。全套精确的工艺化的施工图纸对于技术管理过程自身是一个革命式的进步，对于成本等相关链条的帮助作用也很可观。然而这样的图纸在一个完全依靠农民工的现场手工湿作业的建筑工地上却并不是万能的，某种程度上还会更加凸显图纸精度与现场手工作业的土建工程精度不匹配之类的矛盾。此外，图纸的精细实施还要有系统的行业管理、厂家资源、部品材料、部件加工、技术标准体系作为支持。因此，变革是必须也是一定会发生的，但过程可能比较坎坷。

（二）图纸质量管理体系

作为实现高质量管理目标的困难，全世界的技术工作者面临的困惑基本都是相同的。当然，也可能国外的商业环境稍为合理一些，也许是建筑行业管理的监控更为严格一些，技术标准更有据可循、更为规范一些。但是，那些边界条件易变、成本压力巨大、复杂技术挑战、团队能力差异、沟通交流障碍等等容易出现的问题却都是相通的。在这种境遇下如何面对，我们就不得不提到我们国外同行的质量管理体系了。

在笔者了解的美国设计事务所中，对于设计质量管理都有一套明确的体系。无论这部分工作职责是由内部团队完成，还是由外部机构完成。其最终主旨就是要避免在最终产品审视过程中出现疏漏，主要途径就是力求一次把事情作对。（"Quality control has as a primary goal the avoidance of omissions through review of the final product. Quality Management is focused on doing things correctly the first time."）。一个完整的设计质量管理体系会由以下五个方面组成。

(1) 团队。一个严谨专业、积极进取的团队是质量管理的基本保障。这其中包括对于项目设计组的人员构成、具体职责和明确分工，并且组织还要随时关注、有效提高团队绩效。关于这一段内容境外事务所是如何组织、达成的，后文会有专门的章节进行描述。但是，人员的普遍素质在任何技术团队都是关键的首要因素。

(2) 沟通。我们对于沟通的定义常常会流于形式和口号，那么作为质量管理的重要一环，境外设计事务所对沟通的原则是如何界定的呢？首先，要设置恰当的沟通渠道，以保持渠道畅通，这样才能保证所有团队成员都能专注于项目，而最直接的沟通办法通常是有效地参与团队每周工作例会。同时，沟通一定简明扼要，必须尽量避免重复。沟通中必须保持所有设计有关的项目信息的及时共享，特别要关注那些牵涉其他科目的事项，比如外部专业和咨询内容，内部复用的设计内容，彼此计划的关联等等，这些往往都代表着关键、直接影响项目成果的外部意见，或者是牵一发而动全身的工作。这一点与我们强调工作标准中的首要因素不谋而合——要想理顺自身的计划，就要先关注外部边界限制条件。

(3) 工具。一定要建立一套完善的决策工具体系，并在实际工作中合理使用。当然首先要明确所有的决策者（包括业主，承包商，用户等）。其次，是要建立一个清晰的里程碑时间表，并确定在每个阶段中所涉及的决策内容与时限。这也是与我们前文所述的设计与标准问题相对应——要有对应的时间、对应的成果标准以及达到各个标准所需要准备的内容，这几个条件密不可分。还有就是在遇到临时变化需要决策时，也要求使用统一的评判原则来进行评估，而通常境外设计公司遇到类似变化时会问及以下几个问题。

1) 新的变化是否作能使建筑变得更好？

2) 新的变化是否增进或改善与客户的关系？

3) 新的变化是否保持项目在预算之内的？

4) 新的变化是否改变项目或业主公司盈利？

(4) 协调。作为客户即是上帝这一理念的发源地，很多境外公司把协调工作看成是项目成果实现的重点，也提出了"管家式"的服务理念，并要求将协调工作充分融入里程碑进度。还有就是提出要利用一切可利用的工具（计算机系统、图纸、经验交流等机会）进行全方位协调。

(5) 教育。建立学习型的组织是提高人员技能，保持高效质量管理的必由之路，由此必要的教育和指导性工作就是非常必要的了。经常性地参加正式和非正式教育讲座，或者依托别人的经验教训而做出正确决定的案例，以及工作中的独立专项调研，都是增加个人知识，提升项目组的质量管理水平的好方法。

以下内容则是境外设计事务所对于质量管理体系中的一些经验教训，以及这方面问题处理原则的总结。特别提醒大家注意，在下文中的那些我们似曾相识的片断。

充分原则。新的设计解决方案是需要磨合期的，充分的研究和协调是非常必要的。通常的工作会包括一系列的规范标准重塑，熟悉新的目标和成果要求、研究达到该效果所需要采取的方式方法，过程中的创新节点工艺等等；当然还有就是新的组织培训与教育过程。因此在制定该项目的时间表之初，必须留出足够的时间。看来，低头拉车的同时不要忘了抬头看路，这是有序的紧凑和无序的繁忙之间最大的区别。

严谨原则。在质量管理手册中也特别会有设计图纸绘制严密程度的案例，以避免出现图纸不够翔实有效的问题。比如：设计中所述的"什么——WHAT"的内容和图画显示"在哪里——WHERE"的指引文件要一一对应。一般来说，规格附表中尽量要避免我们所说的泛指。一个比较好的办法就是使用更明确详细的分类标注，例如，"1型玻璃"和"2型玻璃"分别会出现在哪里等等，这样才能做到便于设计分类和成本、工程识别，同时也便于后续实施阶段的控制。

还有一些是由于方案、图纸、说明等汇总文件未能采取适当的编制或表达而引发的问题案例。在这些问题上，除了进一步加强图纸深度的控制之外，是没有所谓的简易方法的。由前文（第一章）的案例可知，所谓工程单

153

位实施过程中的"偷工省料"情况，绝不是只有在中国才会出现的问题，这其实也正是工程承包商的义务所在——他们的职责就是在满足基本规范的情况下按合同约定，依据图纸，以最便捷合理的方式组织施工。问题是你能不能在设计中明确那些该明确的东西，并真正落实到有效法定的文件——施工图当中去。所以，正确的做法是一定要多花些时间来明确产品的加工工艺和制作标准，进行封样或者对栏杆的面层处理进行严格约定，比如要求工件焊接打磨后表面要进行酸洗除锈处理，之后对工件进行热浸镀锌处理等等。同时，一定要设法把它们规定到合同文件的范围之中，避免出现任何歧义与漏洞。这恰恰就是我们提及的平行深化设计流程中的设计与成本清单并行深化的意义所在。

其次，质量控制体系还指出，如果在施工图中有类似这样的声明表述："后续加工厂家或施工单位应该如何如何……"或者"一旦图纸与施工现场中发生错误、遗漏，应及时与设计师进行重新确认并完善……"等等，如果仅此就能以为工程公司会正确理解设计意图，保护设计师的失误也是不现实的。因为在实际施工过程中，如果他们确认设计图纸有误或者工艺做法不适合现场施工，就很可能直接提出修改方案或图纸。而这些修改往往都会转化成对业主或投资方的设计变更或现场签证，并发生一系列费用。因此，设计团队成员主动、详尽、准确地向业主及施工单位提供有计划的服务，最终能够使之透彻地使用施工图文件，这才是针对设计失误最好的免责。

还有，施工图文件中的各关联位置的统一性非常重要。对于任何地方刚刚上手的技术人员来讲，很多良好的习惯都要以明确要求的方式养成。而确实在项目设计过程中，有许多可以被双方接受的、看似合理的"简便方法"去描述一些科目。但是，必须认识到在同一类的图纸文件中混合不同的表达方式通常会导致问题的发生。例如，如果你针对某一个节点选择了某一个做法，这个节点在绝大多数地方是通用的，那么最好的办法就是一定要出统一的通用图纸并加以清晰索引，或者在所有要使用该做法的地方都进行标注。

否则，模糊的方式很容易导致在后期成本计算工程量的时候产生混乱。同样，在施工当中处理这类模糊问题就更加困难。

精简原则。 图纸还必须精简，这其实也是两个分别的概念。一是精。使用缺乏体系的施工图文件在项目施工中将更加困难。这也就佐证了我们前一章节所说的图纸目录阶段研讨的重要性。而当一些信息在整套图纸文件中比较分散时，则错误更容易被忽视，同时也意味着更难被改正，或许是"画得多错得多"的缘故。另一个就是简。当然与上文相反，过度注释的图纸也是不可取的，因为这反而会掩盖所需要的信息和尺寸。比如在一个项目中，我们只需要描述一个整体外观尺寸，但实际的图纸上却花了大量时间表述了很多根据局部需要的内部构造，这样过多的细节反而会变成错误。因此图纸应保持清晰、简明，尽量避免混乱。这个内容在后续的施工图成果文件描述中也有对应。

此外，质量管理体系还特别提及，在施工图纸中要使用最准确的表达方式，并确保大家能明白你所想要表达的意图。同时要特别小心使用那些"剪切"和"粘贴"的方式，那些"拿来主义"随意使用的语言往往使图纸或做法中的冲突或矛盾更加突出。这一项也再次说明了，无论是国内还是国外的具体设计人员，对于电脑使用中的制图习惯都要有所关注。

充分沟通、协调原则。 如上所述，质量管理最重要的一个方面是通过正式的沟通文件协调各方面的工作。建筑师与工程师在施工之前有组织的设计协调工作，可以提前减少工程建设中产生的大量问题，从而节约可观的施工时间。同样地，工程进度时间表里必须安排充足的时间来完成熟悉图纸文件，以衔接工程设计问题。这大抵也就是我们所说的前期设计阶段，设计与各专业之间的条件图确认过程；以及后续施工阶段，工程对设计图纸的会审及交底的过程。

同时，国外对于专业工程师的能力要求也是非常严格的。他们要求应有把握全局与整体情况的能力，要尽量做到（与建筑师相比）信息的同步掌

155

握，尽管通常来讲，工程师的信息获取是要稍落后于建筑师的。对工程师来讲，重要的是要与建筑师主动沟通。因为建筑设计是一个反复、叠加的过程，建筑体系和工程系统也需要以双方合作的方式开展。这意味着某些工作可能要进行一次以上甚至更多。

此外，还有一些是在施工图设计管理过程中需要组织各端口进行协调的方面，让我们看看下面这些内容和我们国内设计单位中的技术措施之类文件的异同之处。

1) 关注顶棚内的管线综合。避免出现吊顶与楼板之间的预留高度不够，而导致管线无法安装，或过高浪费空间的情况。避免出现结构梁的位置影响管线安装，顶棚灯具位置与管线或设备有干扰等情况。

2) 要特别关注楼板外沿（从结构墙体外沿算起）与外墙相交界面的构造做法，其中包括多种外围护材料相接的做法。

3) 关注轴线定位，包括洞口尺寸（结构/设备要求）和适度的空间预留，特别是那些设备管道出口的位置，框架梁下方的洞口及各楼层之间的线路等。

4) 关注那些需要安装在墙体上，特别是要固定在墙上的装置的位置。各个专业上的剖面与平面布局要对应，包括火灾报警装置、天窗和通风口、插座和开关等。

5) 高压电力电路、低压电气设备（防盗系统，门禁，报警装置等）和特殊设备是电气专业的重点。

6) 关注大型设备管道支架的尺寸和重量，因为这些支架通常比预计的要宽要重，所以建议在结构上提前考虑。

7) 明确工程进度计划，明确工程建设沟通协调会议的召开时间。特别关注的是，工程师需要提早一段时间来了解情况，以便及早进行工程计算和测量，并确保此步骤列入工程进度表。

8) 如果建筑在施工期间出现变更设计，建筑师在了解问题之后，其主要责任就是尽快充分协调设计变更并组织落实，而不要依赖工程师或专业顾问来直接完成这些影响他们工作的方案修改。

9) 同样在设计变更的协调过程中，一定要邀请专业顾问参加（比如硬件设施、现场安全、设备、电气等），以确保这些工程师知道准确的工程安装进度以及其他需要他们配合的工作。以上8)，9)两点则是类似于国内现场设计变更和洽商管理的处理原则，这一项在后文中也有描述。

还有10)、11)等其他注意事项，在这里我们就不再一一展开了。

总之，施工图纸上任何细微的错漏误缺，在工程上都可能导致现场实施环节中误解设计意图，并产生不良的后果。而且这些问题都要在工程投标之前的最终施工图审查之前得到解决。因为在施工阶段，是没有多少时间能用来讨论并圆满解决这些问题的。前置、充分、精细的实施技术质量管理等于后续高质量的设计成果，而图纸的完善程度决定了工程效率，这一原则在世界任何一个紧张繁忙的工地上都是通用的。

二 精细化施工图的管理

在现有条件下，我们如何控制好过程，使设计成果按预期的目标推进呢？我们有以下建议可供大家参考。首先，要充分发挥设计师们的资源优势，因为最终的图纸质量好坏并不是外部人员审查出来的，而是通过设计院技术人员的相互协作及其他资源的良好配合共同完成的。因此，外部技术团队的职责就是考虑如何配合、如何监督，而不是替代设计院对图纸进行校对、审核和技术把关的工作。当然，要达到加强过程控制和管理的有效性，在这个过程中，文化和价值观的浸染是必不可少的。没有对于工作高标准的不懈追求，没有对于产品实现的高度责任心，没有对于操作理念的高度理解和统一认识，在目前的设计环境下，仅依靠设计取费的变化和合同的约束是很难实现精细化成果控制的。

此外，还有一些具体的方面需要注意：

(1) 施工图要尽量保证合理的设计周期和可行的计划。对此业主与设计院双方都要给予书面上的确认，或者由设计院出具关于出图时间和质量的承诺书，最好每个项目都能签署，以此作为对设计院进行对接的依据。

(2) 加强过程控制和管理的有效性。按设计流程的划分，进行设计节点质量控制。甲乙双方面进行跟踪的技术人员则要有始有终，不得轻易更换。这样可以使工作具有连续性，并且该角色最好能有一定的管理经验，对所涉及的技术问题要严谨而准确地快速反馈。此外，针对复杂的项目，建议业主要成立跨专业的项目设计小组（每专业都有）来进行工作对接。双方还要有明确的各阶段工作跟踪和总结制度。

(3) 此外，作为完整设计成果的一部分，对施工图后期的现场服务条件要有一定的约定。特别是根据具体工程的要点和难点，是否有阶段性的驻场服务的需求，再比如要明确到场的人员素质和次数要求，等等。

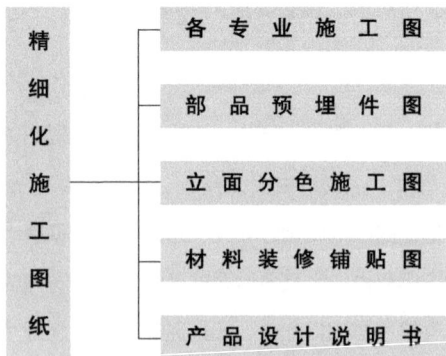

▲ 图6-1 精细化施工图纸所含内容

精细化施工图纸
- 各专业施工图
- 部品预埋件图
- 立面分色施工图
- 材料装修铺贴图
- 产品设计说明书

从目前国内建设工程行业的现状来看，我们的施工图质量容易从哪些角度入手能比较有效地解决一些紧迫的问题呢？首先，我们提出的原则是，在那些普通民用设计项目中，施工图纸深度要延续到装修层面，实施图纸中尽量少出现待定项目及二次设计内容。

而图纸内容上，则尽可能建议包含图6-1涉及的科目。

其次，关注那些需要深化设计的内容，以及他们之间搭接、协同关系。比如，幕墙、标识、灯光LED、特型钢结构，还有诸如擦窗机等特种设备，等等。这些专项设计更需要注意合理安排穿插计划，特别是那些相互之间需要配合的专项深化设计，诸如幕墙与标识、灯光的衔接，大型室内空间设计与消防卷帘、钢结构的衔接等等。此类问题的评审重点，仍在于充分发挥各协作单位的力量，顾问公司的经验，关注与原始技术方案、设计条件的一致性，成本是否已采取充分的优化措施，设计深化随工程进展有没有与实际现状相匹配等方面。

三　与传统施工图的优化

（一）建筑专业施工图需要增加与其他专业相关的内容

由于目前在现场工程施工过程中，施工单位的工长或施工员很少在实施现场有详细比对建筑与其他各专业图纸的习惯（特别是在组织大面积作业面工程的时候）。很多情况下，土建工程人员的习惯是先拿建筑图纸进行放线、定位，再拿结构图纸进行配筋、浇注。所以为了避免工程现场实际的"施工遗漏",建筑施工图中需要尽量补充必要的其他专业信息。譬如针对上述土建工程阶段的矛盾,建筑平面图的图纸上就宜考虑增加部分与结构相关的内容,特别是那些重要的洞口尺寸都要有所标注。此外,由于建筑图纸上增加了准确的结构尺寸限定,此项也将大大有助于建筑师在图纸上对于室内准确空间形态的把握,也便于对其他配套专业条件的精确限定。

图6-2是一栋普通住宅的建筑平面施工图,图6-3是在平面施工图上标注了梁的位置、梁底标高以及结构的洞口位置,表6-1为清单中标注出的空调机位及各类预留孔洞,便于建筑师统筹把握各专业间的协调。

▼ 图6-2 一栋住宅建筑平面施工图

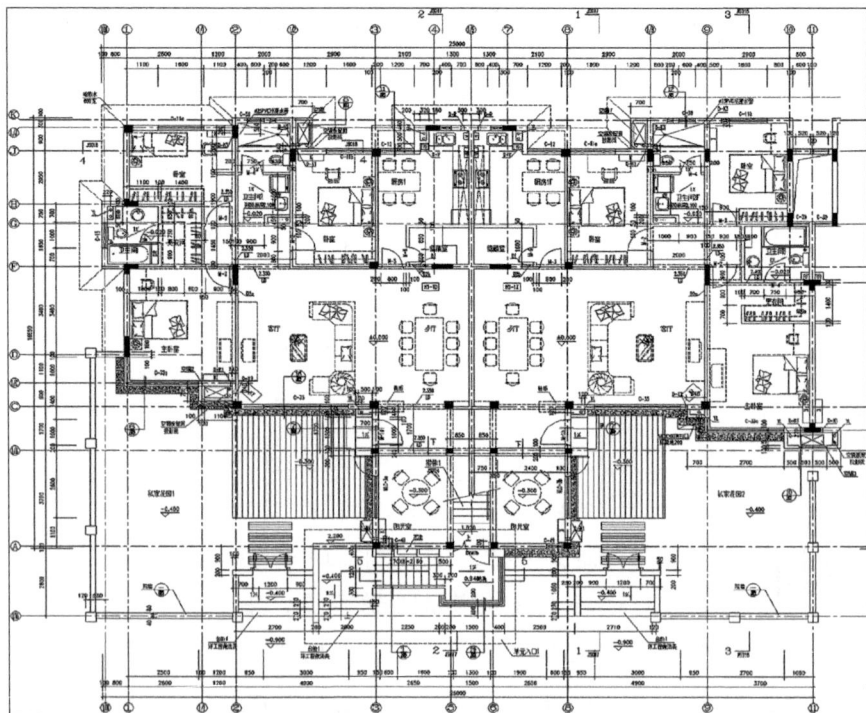

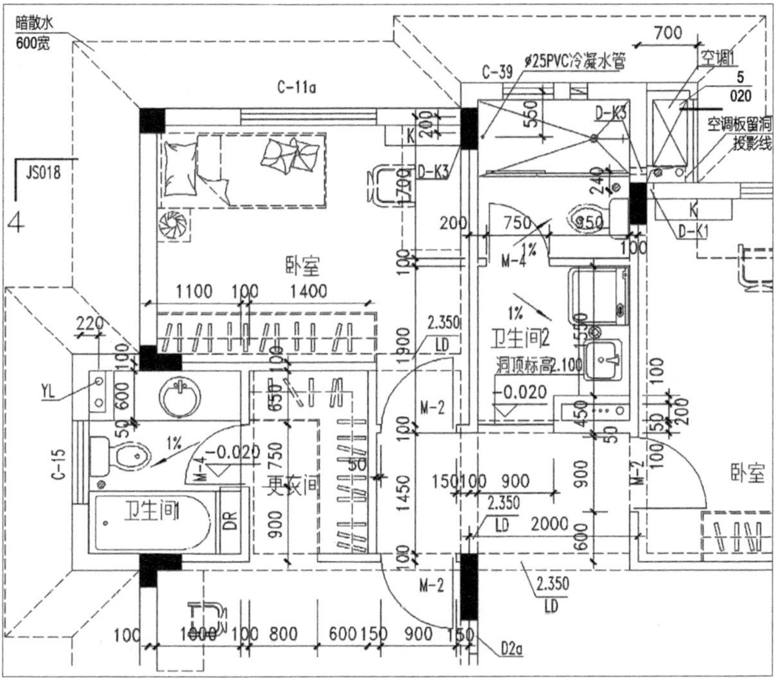

▲ 图6-3 图6-2中梁的位置、梁底标高及结构洞口位置

D-K1:	∅80 空调冷媒管套管预留洞 PVC套管向外倾斜 10度 中心距地2200mm.	D1:	400×300×100 户用配电箱强电留洞 洞底距地面1600mm. 嵌入墙内
D-K2:	∅80 空调冷媒管套管预留洞 PVC套管向外倾斜 10度 中心距地300mm.	D2a:	400×300×100 家居弱电箱弱电留洞 洞底距室内地面60mm. 嵌入墙内
D-K3:	∅80 空调冷媒管套管预留洞 钢套管向外倾斜 10度 中心距地2300mm.	D2b:	250×250×60 家居弱电箱弱电留洞 洞底距室内地面600mm. 嵌入墙内
D-K4:	∅30 空调冷凝管套管预留洞 PVC套管向外倾斜 10度 中心距地2300mm	D2c:	400×300×160 家居弱电箱弱电留洞 洞底距室内地面500mm. 嵌入墙内
D-R:	∅110 燃气热水器排烟套管预留洞 钢套管 中心距地2550mm.	D-Y:	∅150 抽油烟机排烟预留洞 钢套管顶距板面 100mm 平面位置如未注明均居中

◀ 表6-1 空调机及各类预留孔洞位置表

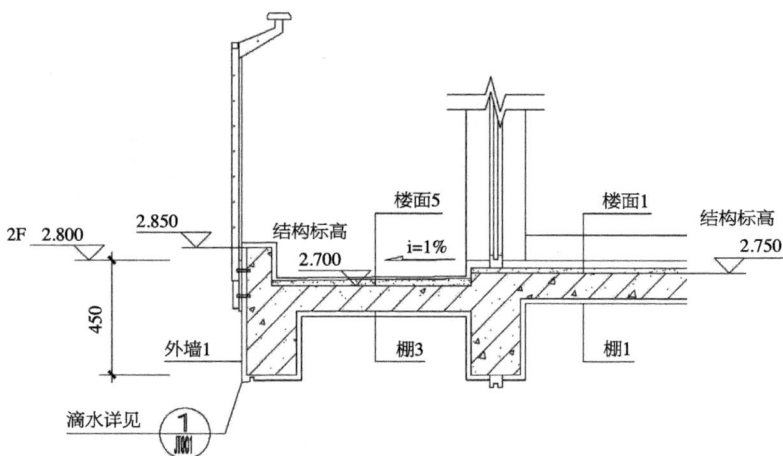

▲ **图6-4** 外墙节点图上的标高标注

再譬如关于标高标注。这也是施工图纸上关于建筑与结构专业比较容易出现矛盾的问题。通常图纸上的标高都是建筑标高，比如我们所说的层高等项，这在土建施工过程中并没有太大歧义。但是，由于很多部件的定位和安装都是直接作用在结构面上的，比如栏杆，如果设计师想在平台上设计一个高度一米的栏杆，在施工图纸标注上也是平台（建筑标高）之上设计高度是1m的栏杆，而栏杆厂家照图加工的尺寸也是1m。但如果平台收边是很厚的干挂石材的做法（或者结构面之上是其他比较复杂的做法），这样加工完成的1m高的栏杆，安装在结构面之上，但从建筑面来看最终效果是不足1m的，这就会带来一系列的误差，甚至是无法满足安全规范。因此，为了避免各种收口困难和栏杆高度问题，我们建议在图纸中要分别明确结构变化面上的建筑与结构标高，以保证准确的施工尺寸。此外，工地现场结构洞口的收口绝大多数都是由工人人工完成的，如果能够明确建筑、结构洞口涉及的完成面尺寸，也能避免出现误差等问题，见图6-4。

当然，以上内容仅仅是部分图纸深度的列举。总之，在现有工程主体结构仍需大规模人工作业的情况下，要特别关注各个配套专业与建筑专业的搭界，并且要对那些可能对最终结果产生较大误差的位置加以详细处理。

（二）面砖铺贴需反映实际设计、施工和采购的真实情况

以往设计施工图中由于不涉及材料部品的研究，相应地自然也就无法涉及施工和采购的问题。在这种背景下的施工图局部，往往是依靠简单的填充命令来完成的，其成果仅仅相当于一个意象表示。但是这样的做法所造成的结果就是，在后期采购、施工过程中，材料与工艺做法不能完全对应，材料与设计效果无法保证，甚至出现很多因为材料尺寸的变化导致的与建筑、结构处理相矛盾的问题。为了避免这类问题的发生，同时也是便于后续采购、施工时更容易掌握数量和效果，我们要求做到材料与部品设计并行，同时在施工图的详图中明确实际的材料尺寸及铺贴方式。下面我们也是通过几个案例的方式来解析一下这个问题。

163

1. 平台砖

图6-5是以某住宅的露台铺贴画法的例子。普通的施工图画法可能带来以下的问题：其一，实际面砖基层做法出现变更，导致实际与预计的结构找坡及结构排水口高度相矛盾。其二，面砖材料收口与建筑、结构反边等处尺寸设置不当，现场施工会导致材料损耗和浪费。其三，最终实施的面砖品质低劣，铺贴效果粗糙，与设计意图不符。

精细化的施工图，在施工图中已考虑了未来的材料做法并对材料加以定样，图纸中明确了铺贴方式、踢脚线的做法，并标注了露台出水口的准确位置等项，见图6-6。

在这样深度的图纸背后，是已经完成现场实物封样工作的材料，见图6-7和图6-8，如此照图采购施工，效果才能有所保证。

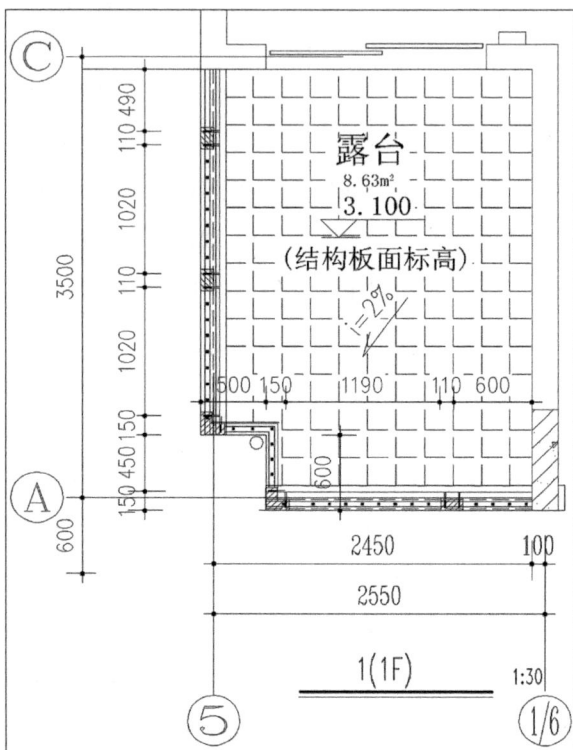

露台
8.63m²
3.100
(结构板面标高)

1(1F)   1:30

▶ 图6-5 传统某住宅露台铺贴画法

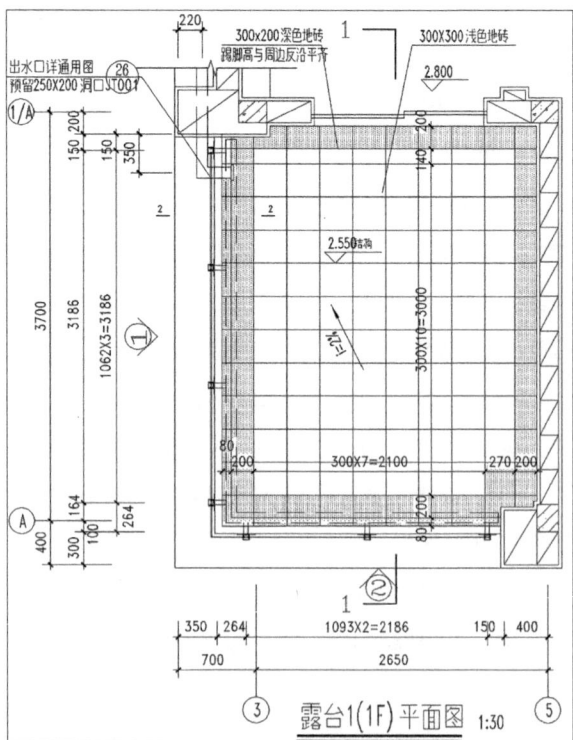

出水口详通用图
预留250X200洞口 T001
300x200深色地砖
踢脚高与周边沿平齐
300X300浅色地砖
2.800
2.550露台

露台1(1F)平面图 1:30

▶ 图6-6 精细化施工图中露台铺贴方式等的标注

▲图6-7　露台砖封样图片之一　　　▲图6-8　露台砖封样图片之二

2.楼梯间铺贴砖

　　对应的公共空间内的楼梯间平台砖，也需要在施工图纸上对砖的排布尺寸和形式做出明确的约定。特别是哪些是平台砖，哪些是踏步砖，要知道这些都是会和后期的铺贴效果直接相关的，具体案例见图6-9。

▼图6-9　楼梯间铺贴图

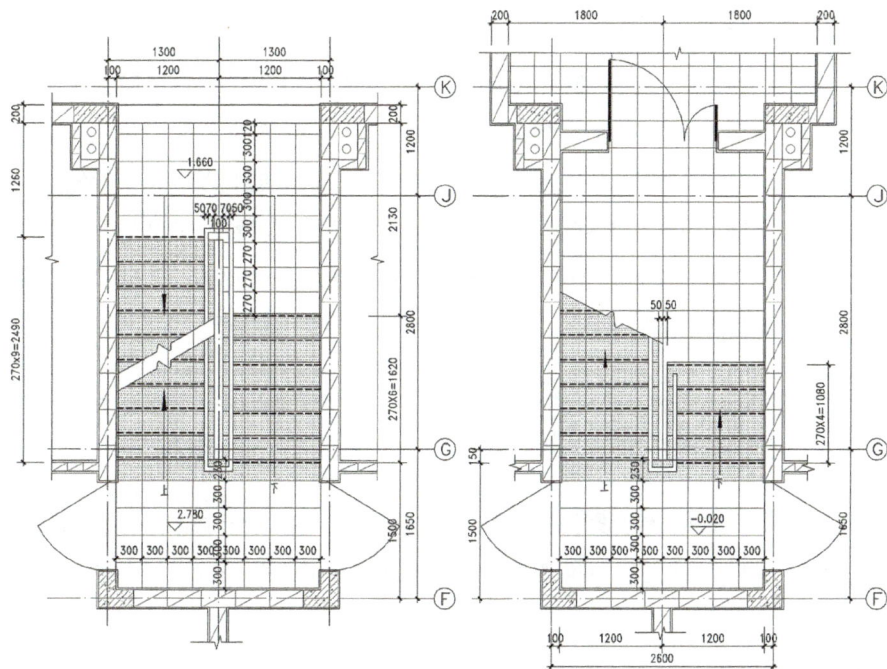

▲ 图6-10　楼梯间砖封样图片之一

▲ 图6-11　楼梯间砖封样图片之二

3. 立面材料铺贴图

这是铺贴图中非常重要的一个部分，也是一个较为复杂的系统，在本书的后文还有描述。在此我们只是强调一下，凡是精美材质的立面效果都离不开精细的立面材料设计图纸。

比如我们熟知的建筑大师弗兰克·劳埃德·赖特（Frank Lloyd Wright），为了特别强调其立面方案中强烈的水平感，大师特地选用了比例细长（厚宽比约1:7，尺寸约58×406mm）、垂直向宽缝（约10mm）的暗色罗马砖，水平向密拼，并使用接近砖色的抹灰等手法，见图6-12。

在这些项目施工之前，都会有详细的立面排砖图来完善施工图设计。在图纸上对砖的材料标准、铺贴原则、具体尺寸、勾缝方式等细节进行反复推敲，有的时候甚至还需要设计师深入砖厂亲力亲为明确制作工艺过程，方能最终确定，见图6-13～图6-15。

（三）立面分色材料"施工"图纸

此外，对于设计成果中的立面材料图纸，还要强调一个概念——要尽量施工图化。也就是说，我们建议配合上述的立面排砖施工图、立面彩图（图6-16）。

▶ 图6-12　赖特大师设计的
外立面材料质感

▲ 图6-13

▲ 图6-14

▲ 图6-15

▲ 图6-13～图6-15　马里奥·博塔（Mario Botta）的面砖立面的局部

▲ 图6-16　立面彩图

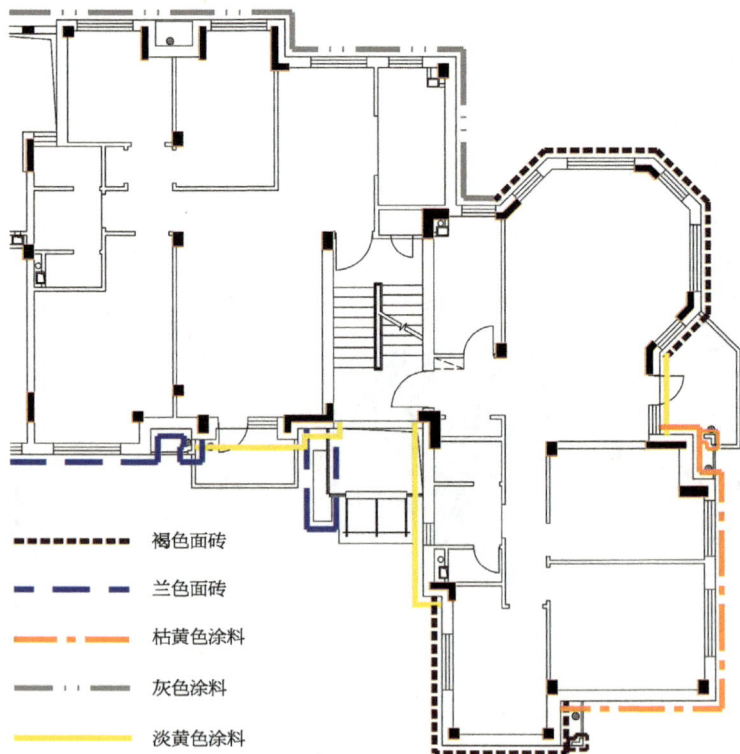

- ▬▬▬▬　褐色面砖
- ▬ ▬ ▬　兰色面砖
- ▬·▬·▬　枯黄色涂料
- ▬··▬··　灰色涂料
- ▬▬▬▬　淡黄色涂料

▲ 图6-17　平面分色图示例

　　完成平面分色施工图（图6-17）。这类图纸主要是以不同线型，沿着各层的平面外墙来区分不同的材质交接。要求平面分色图以施工图的形式来表达，主要目的是为了能结合立面施工图，清晰地明确材料范围和数量，特别是那些在一般的立面图上很难被表示到的诸如内凹、遮挡的位置，以便于预算、采购、施工、验收。这样既保证施工图纸的完善有效，又为采购及施工预留了充足的条件。

　　综上所述，虽然我们现在还不能把建筑施工图全面做到技术标准化、部件装配化、细节工艺化，但我们还是要尽力将施工图纸再深入一步。要系统将图纸精确度延续到装修层面，也就是要考虑到真正使用完成面的效果，这是现阶段对设计精度和品质保障的重要手段之一。

（四）部件预埋件图纸

　　根据目前部件设计与现场土建误差的矛盾，在施工图中引入一些预埋件和过渡件的概念，使部件现场装配安装的设想成为可能。通过部件装配式安装方式回避了构件与外墙面材直接相交造成的问题，提高了建筑的细部品质。同时很多面漆工序得以在加工厂内完成，现场安装时用螺栓与过渡铁件连接，油漆质量大大提高，同时改善了防锈效果。此外，还可以使成品栏板在大部分工序结束后再进入现场，很大程度上地避免了部品安装与土建施工的交叉污染和人为破坏，使成品保护及部件品质最终得到保障。图6-18～图6-20为几种典型的预埋件图纸。

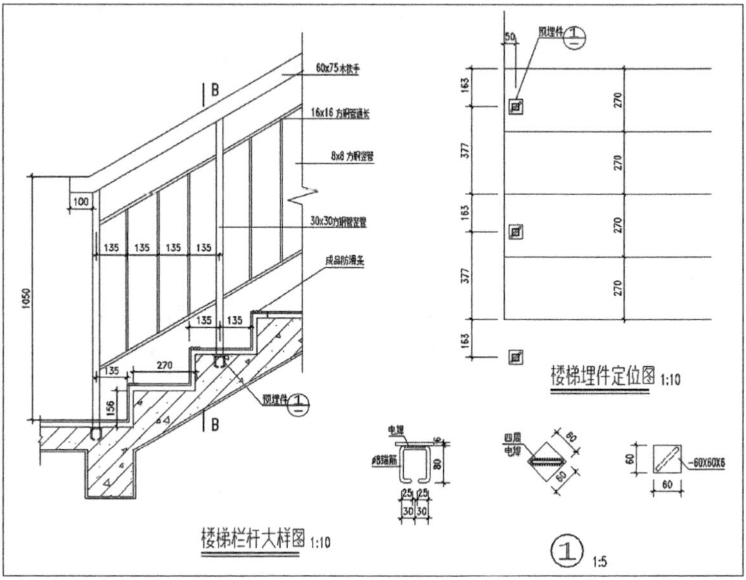

▲ 图6-18 室内楼梯栏杆、扶手预埋件图

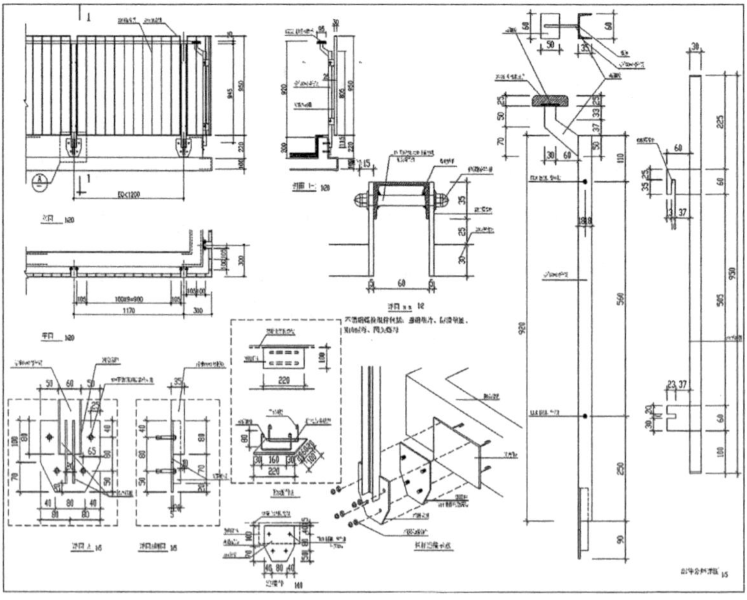

▲ 图6-19 室外阳、露台栏杆、扶手预埋件图

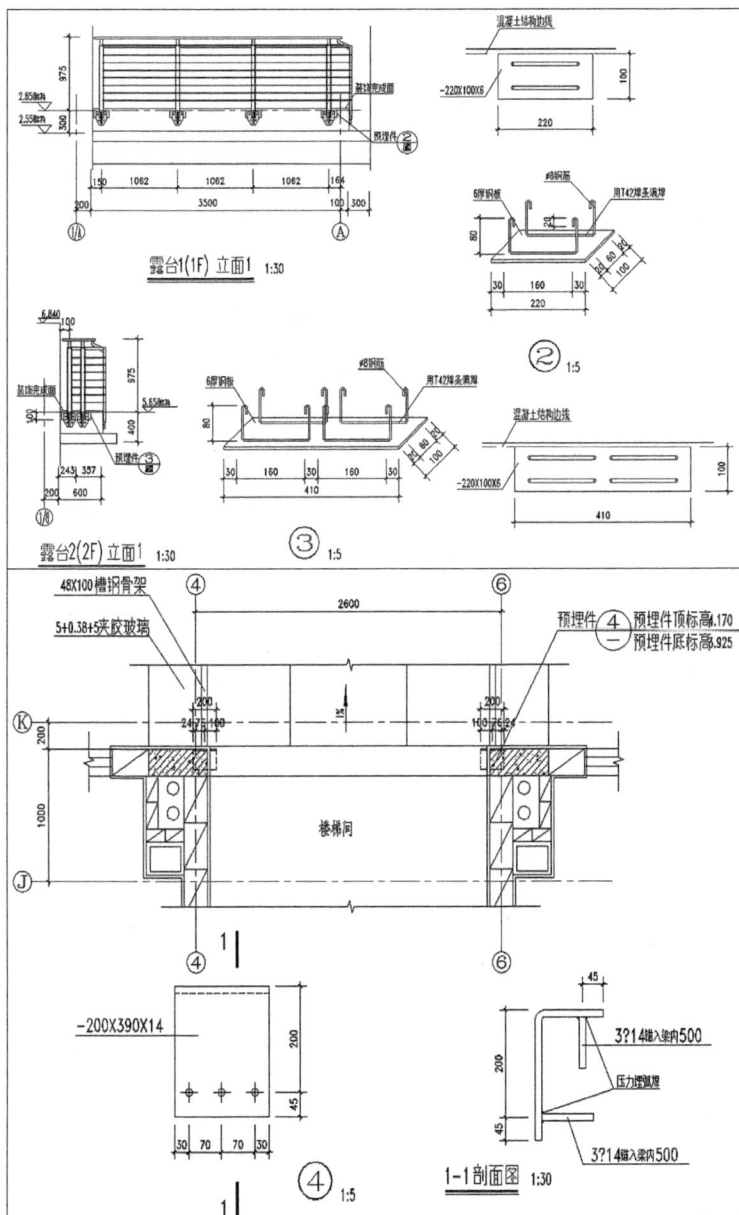

▲ 图6-20　雨棚安装预埋件图

（五）部品及部件施工图

关于这一项内容，其实在前几章节已经基本明确了概念。在这里我们是把其作为施工图体系中一个单独的成果部分做出要求，并提供一个完整的关于室外空调百叶的例子供大家参考。

首先，部品部件图纸要与整体施工图的节点索引对应，见图6-21。

其次，部件设计图纸自身要求完善。要有详细的比例尺寸、工艺做法、技术标准说明、细部节点标注等等。在此还要特别强调，我们的目标是设计效果与技术标准、成本高度对应。即便是看似简单的室外空调百叶，仍然有通风量面积核算、与不同空调设备的指标对应、安装尺寸复核等一系列技术

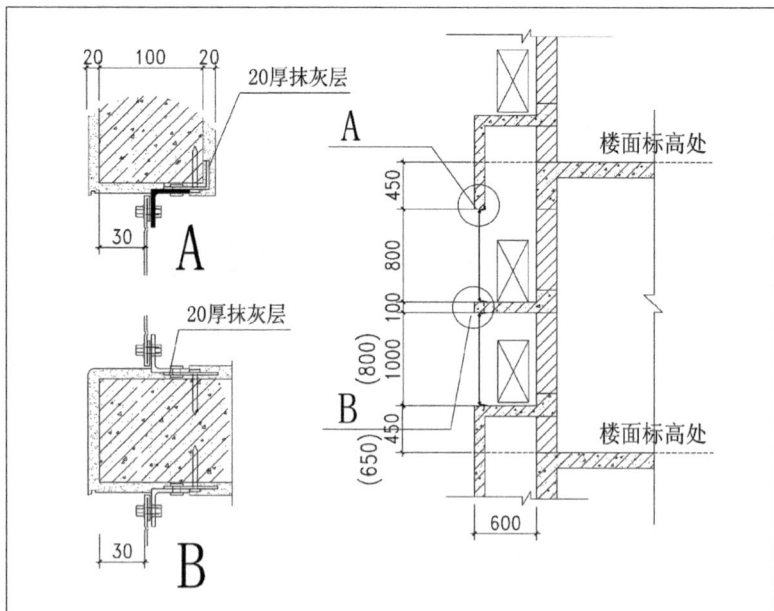

▲ 图6-21 外墙节点索引

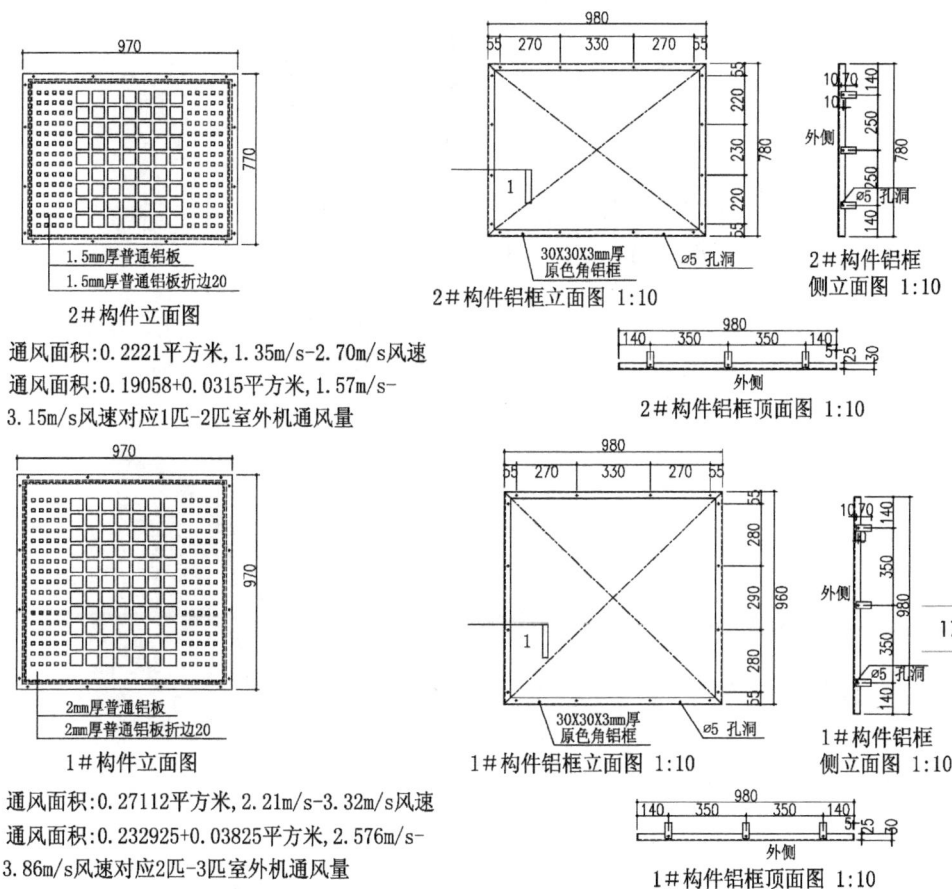

1.5mm厚普通铝板
1.5mm厚普通铝板折边20

2#构件立面图

通风面积:0.2221平方米,1.35m/s-2.70m/s风速
通风面积:0.19058+0.0315平方米,1.57m/s-
3.15m/s风速对应1匹-2匹室外机通风量

30X30X3mm厚原色角铝框
∅5孔洞

2#构件铝框立面图 1:10

2#构件铝框侧立面图 1:10

外侧

2#构件铝框顶面图 1:10

2mm厚普通铝板
2mm厚普通铝板折边20

1#构件立面图

通风面积:0.27112平方米,2.21m/s-3.32m/s风速
通风面积:0.232925+0.03825平方米,2.576m/s-
3.86m/s风速对应2匹-3匹室外机通风量

30X30X3mm厚原色角铝框
∅5孔洞

1#构件铝框立面图 1:10

1#构件铝框侧立面图 1:10

外侧

1#构件铝框顶面图 1:10

▲ 图6-22 空调百页细部图纸

标准问题,这些都是在考虑效果的同时必须给予关注的。见图6-22。

还有,最终出现在施工图中的部品部件,是要求经过了材料推敲试样、调整、定样等一系列设计过程,充分满足现场安装使用以及效果要求、符合成本控制标准的完善成品,见图6-23。

173

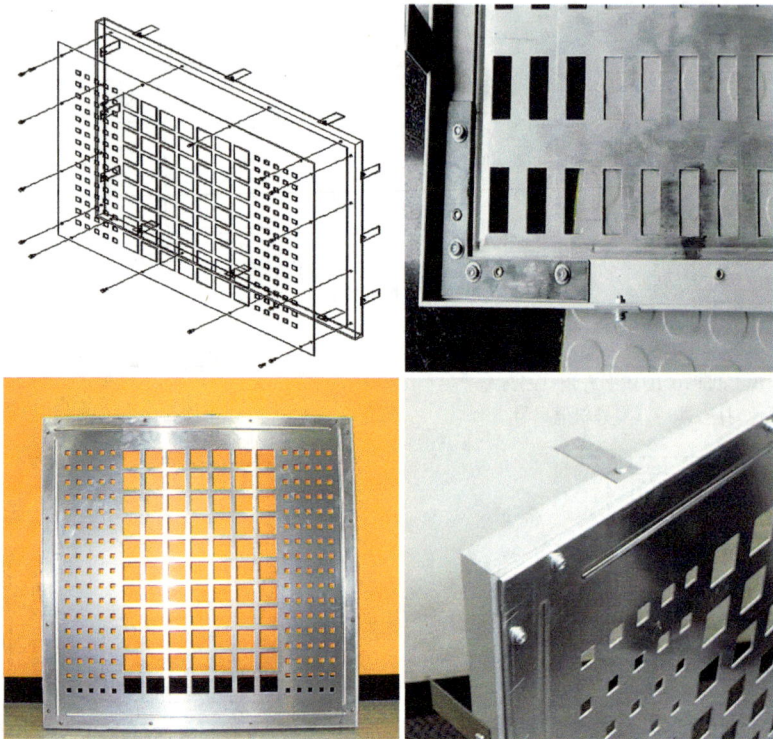

▲ 图6-23 实体化的空调百页细部推敲

需要再次说明的是，以上内容也只能算是精细化施工图纸的某一方面的列举，并不能代表全部的内容和方法。从长远来看，充分综合考虑目前行业发展特征、工程组织、加工资源的现状，不断加深并提升对于实施图纸的技术质量要求，还需要我们共同的努力。

7

第七章
总图设计及
优化

贴建
住宅

一　总图设计概述与发展

把总图设计这个部分放在施工图设计之前来讲，还是放在施工图组织之后来总述，或者是穿插在整体设计深化过程中来描述，笔者一直有些犹豫。之所以有犹豫，是与其复杂的过程和工作性质相关的。总图设计既与每个设计及专业环节息息相关，又是一门相对独立的专业学科，同时它又涉及从设计前期开始一直到项目最后建成、业主使用等方方面面的问题。

总图设计学科是早在"一·五"期间，为响应我国大力发展工业的号召，我国从苏联引进了该专业。其原含义是在既定厂址和工业企业总体规划的基础上，以满足生产功能、经济、安全、高效、环保为目标，系统科学地确定建设场地上所有的建构筑物、交通运输线路、竖向关系、工程管线、绿化和环境等项的一门综合性设计工程学科。

近年来，随着现代城市化进程的蓬勃发展，尤其是房地产行业的兴起，建筑市场空前繁荣，各大境外设计公司纷至沓来，这一切为我国建筑设计行业注入了新鲜的血液和前所未有的活力。专业化设计、精细化设计、人性化设计成为越来越广泛的口号，越来越多的大型建筑设计机构逐渐意识到民用建筑设计流程中专业的总图设计——而非简单的总平面设计——这一环节不可小觑。以往总图设计由建筑师代而为之的局面逐步转为由总图设计师负责进行专业的设计，编制单独的总图专业设计文件。当然，这种转变不仅仅是因为专业的细分和设计文件的规范化要求这么简单了，毕竟在设计图纸首页会签栏上，"总图"一直是不可或缺的专业之一。因此，"总图"这个术语

176

便也出现了广义与狭义之分，撇开大大小小的各类总图不说，就工业总图及民用总图两大板块，从专业自身角度比较而言，如果说工业建设项目中总图设计注重的是企业与生产，那么民用建筑项目中总图设计关注更多的则应该是人与生活，当然也涉及大量的投资和收益。

二 总图设计与相关专业的关联

应该说，建筑项目开发是一个技术分工明确、专业合作缜密的行业。要实现精细的产品，各个工种、各道工序缺一不可。建筑师简·达克(Jane Darke) 曾经仔细研究过伦敦六个地产开发项目的设计过程，为了说明问题，她也引用了一些建筑师对设计过程的解释。其中道格拉斯·斯蒂文（Douglas Stephen）的说明可能是最为准确的。"一开始我们并不很在乎方案的平面……我考虑的是整个场地，以及各种限制因素，当然并不只是空间上的限制，还包括场地受到的社会限制"。而美国建筑大师弗兰克·劳埃德·赖特（Frank Lloyd Wright）也曾经说过"人只要真诚地对待土地，他的建筑才具有创造性"。由此可见，场地的限制条件在各种综合因素中起到了关键的作用。

（一）总图与规划

总图似乎与规划相对比较接近，但显然总图设计与规划设计之间是不能简单划等号的。就像场地设计也不能完全等同于总图设计一样，设计层面和设计范畴是有严格区别的。总图与规划之间存在着微妙的关系，并且这种区隔关系会贯穿从方案到施工图的设计的整个过程。

在具体建筑工程项目，尤其是大型社区项目的规划设计中，总图与规划在一定程度上担任着同样的角色，比如协助建筑师从总体原则上控制大局，从更高的层面上考虑问题。具体来讲，即确保建设项目符合规划设计条件，符合各级城市规划要求。所不同的是，总图还需着重考虑用地总体布局，尤其是竖向规划往下一步深入设计的合理性与可行性，并且在一些具体的大中型建设项目中，总图的参与往往会使规划更具理性。

（二）总图与建筑

在总图与各专业的关系中，从某种意义上可以说与建筑专业最为紧密，这与规划的相近相关是有区别的。具体到建筑的体型方位、建筑的内外联系、甚至建筑的内部功能分区和交通关系，都与总图有着密切的关联。总图受控于建筑功能的实现，却又在一定程度上制约着建筑方案的最终实施效果。总图与建筑如能从设计伊始便形成一种得体的默契，将会给后期设计带来诸多便利，也能实现建筑最佳的空间效果。

（三）总图与景观

总图与景观有着明显的共同之处，就是设计都属室外工程范畴。而不同之处在于，总图侧重考虑功能及安全，景观则比较关注人的观感与环境。如果说景观设计的目的是营造出宜人的室外场所，那么总图则是提供场所设计的底板。某些观点认为，总图即理性，景观即感性，其实也不尽然，任何设计到实施阶段都必须是理性的，只是景观对室外场地的分析较之总图更灵活罢了。

以目前的设计分工现状为例，建筑总图与景观环境基本就是兵分两路，而且很容易形成各自为政的问题，你筑你的消防车道，我铺我的灌木草皮，你布置你的消防登高场地，我种我的参天大树……太多的项目其最终的景观环境与总图设计的室外框架大相径庭，甚至产生功能上的相悖。因此如果前期没有充分沟通磨合，最终必定会造成设计、施工及使用上的一系列隐患。

目前，日益凸显矛盾中最集中的当属消防车道（包括高层建筑中的登高场地）与景观构筑物、大型乔木种植的冲突，还有地下管线工程与乔木灌木种植的冲突等，总图与景观如何及早进行设计沟通并且最大限度地进行设计整合，是当今室外总体设计的首要问题。

（四）总图与结构

两者乍看起来似乎没有什么直接的联系，但是稍作分析，不难发现总图与结构的关联其实千丝万缕。所有建筑物必然落地生根于土地的特定位置之上，即使底层全架空也需要立柱或核心筒支撑。这样，结构基础与建筑基地便形成一种鱼水般的关系。建筑物埋地的结构部件无一不受到来自其所处的地基环境的影响。首先，总图对建筑正负零标高的制定直接影响结构基础的埋深。其次，无论何种基础形式，包括地下室、结构挡土墙等，其结构设计均应考虑对应位置的工程地质、水文地质特征，它们同样也离不开对总图现状地形利用或改造状况的分析。哪些地方场地稳定性好，哪些地方地下水位浅，哪些地方是人工回填，哪些地方是深度开挖，哪些地方覆盖土层厚，哪些地方产生荷载大，哪些地方荷载小等等，都是影响结构设计的重要因素。

另外，结构设计安全最为关键。总图中对影响结构部件的设计内容唯有做出准确甚至精确的反映，才能为结构提供合理可靠的设计依据，譬如总图平面中，地下室顶板消防车行走路线有所调整，地库顶板覆土厚度、半地下室侧壁堆土高度有所增加，而由此带来的交通荷载分布及土层压力的改变，如果未能及时反映于结构设计中，那么很可能产生无法估量的后果。

而总图确定的建筑室外标高，也同样会对结构砌体产生或大或小的影响，甚至影响建筑结构设计的抗震标准。

（五）总图与设备

这两个专业的衔接主要体现在室外工程管线设计这个环节上了。从设计方角度侧重考虑室外的管线通道是否宽畅，工程设施（地下管线、检查井、化粪池、独立泵站、室外变电配电设施）布局是否合理；从建设方（尤其是房地产开发商）角度则主要关注这些隐蔽设施是否对环境设计带来不利影响，这可能也正是现今设计不得不重新审视的一个方面。如何进行设备各专项设计与总图管线综合设计，同时还有兼顾景观种植设计的协调与优化，在设计过程中怎样把握设计规范，又如何体现业主要求，这些都是在这个设计环节上亟需推敲的。

三　总图设计图应表达的内容

（一）总平面图

总平面图包括屋顶总平面图和一层总平面图。该图不仅会用于施工图而且还用于施工报建，因此所表达的内容较多，主要有两方面：其一为建设用地及相邻地带（用地红线外50米范围）的现状。其二为建设项目规划布局及其工程概况。前者多由城建规划部门提供并附有建设要求，构成前提条件。后者则是总平面布置的设计内容。两者在图纸内均应充分、正确地表达，这样才能同时便于施工和满足施工报建要求，参考下图（图7-1）。

因此无论前期条件成熟与否，建筑师在场地设计中都必须综合考虑各种规划影响因素，诸如用地四至红线范围及退界要求、所需配套设施的规模数量、路网格局、道路交通流量及所需的路面宽度、主要出入口的方位及数目等等，以使方案从规划上达到最大限度的合理性。

总平面图具体需表达的内容如下：

(1) 现状地形；

(2) 测量坐标网、坐标值；

(3) 场地四界的测量坐标（或定位尺寸），用地红线、道路红线和建筑红线

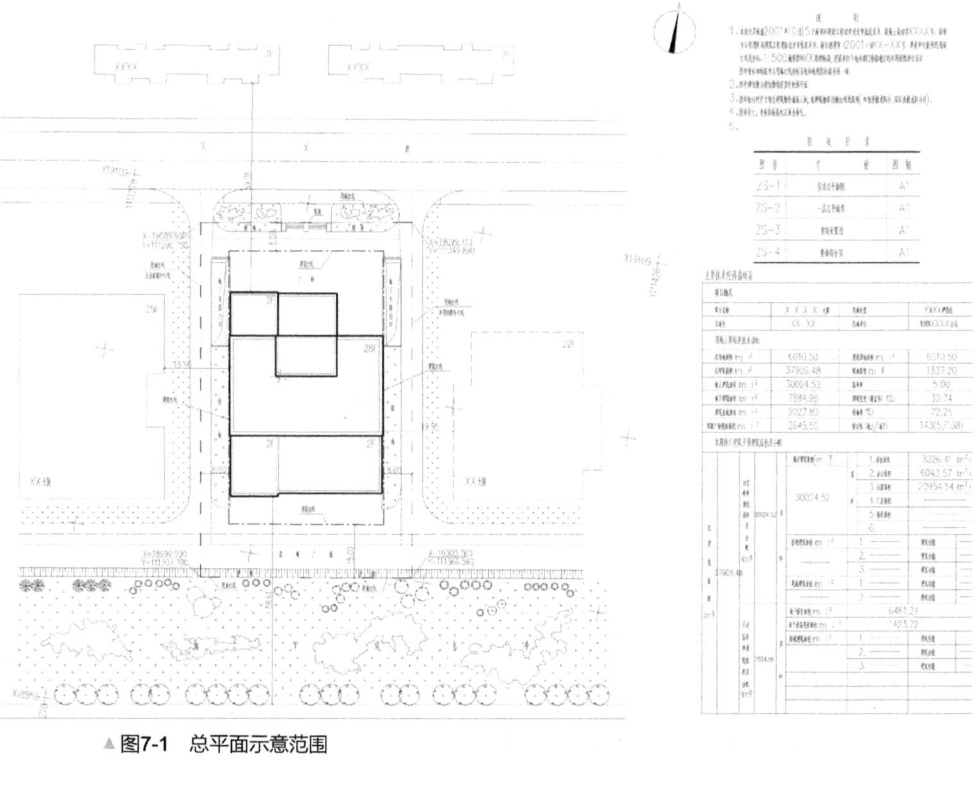

▲ 图7-1　总平面示意范围

的位置（简称为三线）；

(4) 场地四邻用地外围50m内的地形、地貌，原有的规划道路的位置（主要坐标或定位尺寸），以及主要建筑物和构筑物的位置、名称、层数及功能，拟建建筑物与相邻建筑的间距（专门反映此内容的图，称之为"四至图"）；

(5) 建、构筑物屋顶正投影平面（一层总平面图则为距正负零一米处，建筑平面外轮廓线、人防工程、地下车库、油库、贮水池、化粪池等隐蔽工程以虚线表示）；

(6) 建筑物的名称、层数（住宅还需注明其型号及栋号）；

(7) 标明建筑出入口、车库出入口、广场、道路、挡土墙、室外踏步、护坡等的位置；

(8) 尺寸标注，应标注建筑物、构筑物相互关系尺寸；建筑物、构筑物与道路红线的尺寸；道路红线与建筑后退红线的距离尺寸；道路宽度，及道路路边至建筑外墙、至道路红线或用地边界的尺寸。尺寸单位精确到小数点后两位；

(9) 分期建筑项目应清晰标明各期建筑用地范围，明确图示建筑物、构筑物的建设阶段（一般用线型表示，辅图例说明）；

(10) 指北针、风玫瑰图；

(11) 补充图例；

(12) 说明：施工图设计的依据、尺寸单位、比例、坐标及高程系统，如为场地建筑坐标网（也称施工坐标网）时，应注明与测量坐标网的相互关系，尺寸单位等。

（二）竖向布置图

竖向布置图，是总图施工图的核心内容之一，表现场地竖向的元素主要是标高（或高程）和坡度，确定场地竖向关系，前提是确定高程基准，未指明或间接指明高程系统的竖向关系是无效的。在施工图阶段，方案已经确定，具体进入工程设计，这时很多方面就需要总图专业协同考虑方案往下实施的可行性了。譬如场地的整体标高与规划给定的控制标高是否一致，各出入口与周边市政道路在平面及竖向上能否顺利衔接，将来的道路及工程管线衔接是否可行等等。

还有就是场地竖向设计应尽量结合地形，尤其是遇到山区或地形复杂的地貌条件。室内外高差、场地排水坡度需综合考虑场地地形地势、人流及交通特点、地面铺砌材料以及地区气候特征来综合选用适宜的高程坡度。另外，室内外标高要与建筑专业一致，室内外台阶级数统一，有人行道的宜保持人行道横坡连续。

竖向图纸应包含：

(1) 场地测量坐标网、坐标值；

(2) 场地四邻的道路、水面、地面的关键性标高（如与江、河、湖、海相邻，应注明最高洪水位、潮汐水位、正常水位等标高）；

(3) 建、构筑物名称，建筑物正负零的绝对标高，室外地面（出入口的台阶下，建筑物四角的室外地坪）的设计标高；

(4) 广场、停车场、运动场地的设计标高；

(5) 人工水系的岸线、水面、水底标高；

(6) 用地出入口与市政道路相接处、道路的起点、变坡点、转折点和终点的设计标高（路中心）、纵坡度、纵坡距、纵坡向、关键性坐标，人行道和无障碍坡道起点、变坡点的设计标高，道路标明双面坡或单面坡，必要时标明道路平曲线及竖曲线要素，排水沟应标明位置和坡向；

(7) 挡土墙、护坡或土坎顶部和底部的主要设计标高及护坡坡度；

(8) 用坡向箭头标明地面坡向，当对场地平整要求严格或地形起伏较大时，可用设计等高线表示，地形复杂或有特殊要求时应绘制场地断面图；

(9) 风玫瑰图或指北针；

(10) 说明施工中应注意的问题，尺寸单位，比例，补充图例等。

此外，建筑用地如果为生地时，一般要绘制场地平土图。

（三）建筑定位图

和竖向布置图一样，针对建筑施工的定位通常有两种，一种是相对定位，一种是绝对定位（即坐标定位）。平面简单的单栋建筑和一些辅助性的小型建构筑物适宜采用第一种，即根据现有的可参考物（包括红线、道路边线等），计算建筑物与其的相对关系，以确定建筑物的方位。大型工程项目或较复杂平面的建筑以及无法参考周边固定基准物的，定位适宜采用第二种。

前面提及总图施工图的核心内容为平面布置定位和竖向布置定位。目前随着建筑行业日新月异的发展，建筑外形也趋于复杂多变，建筑定位的难度也不断增加。建筑定位的重要性不言而喻，行话叫"坐标无小事"。因此，为准确、清晰表达定位坐标，单独出一张建筑定位图也就顺理成章了。此外，在建筑施工阶段，第一道工序就是放线，建筑基础或地下室的定位，包括之前的开挖范围，也都离不开建筑物的定位。

建筑定位图应突出与定位有关的内容：定位轴线及编号，轴线交点坐标；如果是圆弧或圆时应给出圆心坐标及半径。建筑定位有相对距离法和坐标定位法。相对距离法一般以建筑物的外墙尺寸标注，坐标定位法一般均以建筑轴线交点定位。

（四）道路平面图及道路、广场详图

合理的道路网无论是对人行交通、车行交通、应急交通以及静态交通都是非常有利的，比如小区路网就宜考虑通而不畅的方式，当然根据不同的情况，也可以考虑是否采用人车分流的方式。

　　道路平面图一般情况下与总平面或竖向布置图合并,工程复杂时才单独出图。居住区道路按道路等级可分为居住区、小区、组团、宅前路四个等级道路;按使用功能可分为交通路兼消防道路、专用消防通道、广场中车行道三类;按路面材料又可分为水泥混凝土、沥青混凝土、其他材料铺砌三种。因此大型居住区要想清楚表达上述内容,需专门绘制道路平面图。其内容主要有道路定位、标注道路宽度、道路平面曲线要素、道路转弯半径、道路横断单双面坡、标明不同道路做法等。详图主要有道路、广场、停车位等基层面层的详细做法。说明中还要特别交待施工中的注意事项。

　　道路按路面材料一般分水泥混凝土、沥青混凝土、其他材料铺砌三种。前两种主要用于车行道,最后一种常用于有满足车辆行驶要求的步行街、广场等。水泥混凝土为刚性路面,其特点是在受力后产生板的整体作用。板体具有较强的抗弯强度,坚固耐用,保养维修少,而缺点则是行车噪音大,损坏后修复困难。沥青混凝土为柔性路面,由黏性、塑性材料和颗粒材料构成,受力抗弯强度小,路面强度很大程度上取决于路基的强度。路面平整、无接缝、耐磨、振动小、噪音低、易维修,缺点是易受地表气温影响等。因此,在地震设防地区宜采用沥青混凝土路面。而铺砌路面,常用广场砖及各种人工、天然石材铺砌而成,可拼成各种彩色图案,其路基一般为水泥混凝土,造价相对高,主要用于车流量不大的步行街、广场、宅前路等。

(五)土方图

　　土方计算方法主要可分为方格网法、断面法、一点法等。

(六)管道综合图

　　管道综合图分平面综合和竖向综合,具体工作内容是协调各种室外管线的敷设，合理进行场地的管线综合布置，并具体确定各种管线在地上和地下的走向、平行敷设顺序、管线间距、架设高度埋设深度等，避免其相互干扰。

其中需要注意的是工程管线在道路下面的规划位置，应布置在人行道或非机动车道下面。电信电缆、给水输水、燃气输气、污雨水排水等工程管线则可布置在非机动车道或机动车道下面。而工程管线在道路下面的规划位置宜相对固定。从道路红线向道路中心线方向平行布置的次序，应根据工程管线的性质、埋设深度等确定。分支线少、埋设深、检修周期短和可燃、易燃和损坏时对建筑物基础安全有影响的工程管线应远离建筑物。其布置次序宜为：电力电缆、电信电缆、燃气配气、给水配水、热力干线、燃气输气、给水输水、雨水排水、污水排水。工程管线在庭院内，由建筑线向外方向平行布置的次序，应根据工程管线的性质和埋设深度确定，其次序宜为：电力、电信电缆、污水排水、燃气、给水、热力管线。

总之，管网综合需要统筹考虑。管线排列布置考虑的因素主要有：平面走向、竖向埋深尽量平直（暖气管线除外）；减少交叉，方便维修；有利于整体环境，减少互相之间干扰及危险性，减少管段总长，节省管材造价。同时，管线通廊上场地的标高及标高变化，覆土层厚度对管线的路由影响颇大，支管从何处可以出户，地下室顶板上是否有足够覆土保证管线的正常埋深，室外高差突变处是否有利于管线的跨越，接入主管及接出干管的引接方向、标高是否符合现状及规划要求等等都需要一一协调。

图纸需表达的具体内容如下：

(1) 总平面布置（为突出管线，建筑、道路可用细实线表示）；

(2) 场地四界的测量坐标、道路红线及建筑红线或用地红线的位置；

(3) 各管线的平面位置，注明管线与建构筑物、道路、用地界线的距离和管线间距（不同管线用线型区分）。管线平行建筑或道路便于定位；

(4) 各管线的名称或编号（使用编号时应列出管道名称编号表，表中注明编号、图例和名称）；

(5) 场外管线接入点的位置,加文字标注（用灰度线或细线表示已有市政管线）；

(6) 化粪池、加压泵房、电缆井、箱变等应给出坐标或定位尺寸；

(7) 管线密集的通道应绘制管线通道断面图,反映出管线相互关系及与建构筑物、道路、绿化的距离；

(8) 注明主要交叉点（污水、雨水与燃气管的交叉点）上下管线的标高或间距、地面设计标高；

(9) 风玫瑰图或指北针；

(10) 比例、施工要求及注意事项等；

综上所述,总图全套施工图应彼此相互关联,前后呼应,文字尺寸格式大小都要统一。此外总图涉及面广,牵一发则动全身,局部修改时,要充分考虑是否影响其他专业。同时总图综合性强,设计过程的协调作用尤为重要,在工作中要主动引导,积极与建筑等专业沟通配合,为施工图设计的顺利进行打下基础。

四 总图设计优化工作

以上我们已经明确,总图设计的原则和目标,就是要避免室外工程的交叉施工、确保室外工程合理的施工周期,确保新开发项目市政管线与市政站点的合理布局,确保道路及总图装置设置的合理性,合理安排市政工程项目报批报建计划,有效地控制成本等各项综合目标等等。

在此基础上,我们要有预见性地明确、界定总图设计在具体项目设计及开发各个环节中发挥的作用和工作任务。并且，有很多具体的案例可以诠释，如果不能达到总图设计最优或者未能足够重视总图设计会引发的工程问题。

具体项目案例列举：

案例一：某住宅小区供电系统设计问题（配电室设计选址问题）

名词解释：

①外电源： 由供电局供电设施至区内开闭站或配电室，给小区供电的10kV高压供电线路。

②开闭站： 分配电能，增加回路出线的配电设施。开闭站本身并不具备变压功能。地方供电局规定建筑面积在一定规模以上的小区需要设置开闭站。而10kV开闭站的占地面积为220～350m²，一般为地上2层的建筑形式。此外，开闭站通常是不允许与住宅贴建，也不允许建在地下。

③低基配电室： 负责住宅生活照明供电的供电设施，由供电局管理维护的变配电设施。低基配电室的电费执行居民电价标准0.44元/kW·h。地方供电局规定低基配电室所允许供电对应住宅面积为40000～60000m²。低基配电室一般占地面积为130～180m²/座，原则上不允许与住宅贴建，具备条件情况下允许建在地下。

④高基配电室： 负责商业、动力、园林景观等公共设施供电，变压器变比为10/0.4kV，由物业管理维护的变配电设施。高基配电室的电费执行商业电价标准，为0.63元/kW·h。高基配电室原则上不允许与住宅贴建，具备条件下允许建在地下。

⑤低压供电方案： 地方供电局规定，所有住宅小区必须由供电局进行低压供电方案设计。住宅单体供电设计必须符合供电局审批要求（主要是审核光、力分开和进线组织）。从配电室出线的，低压电缆设计必须符合供电局审批要求（主要是规定所有区内低压电缆必须采用YJV22—4×240mm²，低压电缆连接方式能够保证末端链接供电要求）。

⑥**π接柜**：通过电缆回路馈线链接，提高供电可靠性的供电设施。供电局与建设方的产权划分以π接柜本楼出线开关为界，开关上口以上部分归供电局维护，开关下口以下部分归物业维护。

规划设计前期阶段，应对该小区供电工程的设计应按供电系统设计要求进行负荷计算、变配电室选址和用电点分配设计的优化。当我们对供电系统有了初步的方案设计后，再综合建筑布局、路网组织、景观布置、绿化格局等进行总图专业的优化设计。最终通过对规划整体布局进行综合优化的调整，实现整体设计的优化。

如果我们不按相关专业设计要点确定系统方案，或未进行总图方案的优化。很可能会给我们造成技术方案的缺憾、成本投资的浪费，甚至因报批原因影响到项目的整体开发和使用（图7-2）。

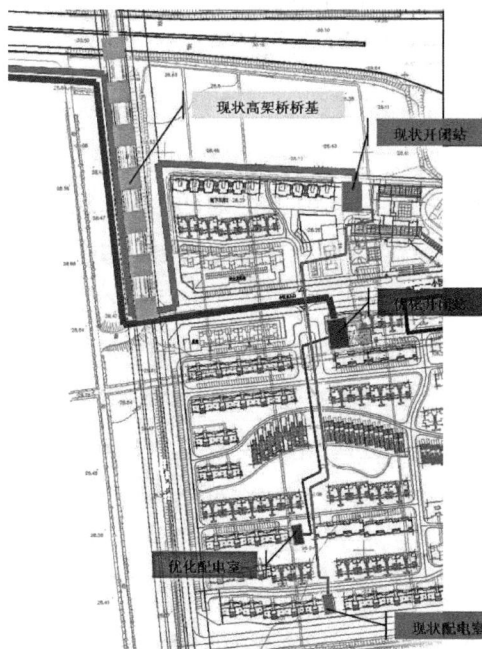

◀ 图7-2 居住区供电系统对比图

小区变配电所设计选址原则与实施现状之间的差异 　　　表7-1

变配电所设计选址的原则	项目一期变配电所选址现状
①靠近负荷中心 目的：减少线路长度，降低线路，投资成本，改善供电质量	①位于小区的北端和南端 缺点：增加线路长度，加大工程，投资成本，增加供电审批难度
②进出线便利 目的：考虑综合管线布置，减少线路投资成本	②未考虑进出线综合管线要求 缺点：管线之间场地狭小，管线、间距不符合规范及行业审批要求
③接近上级电源侧 目的：减少外电源线路长度，降低外线投资成本	③未综合考虑外电源进线路由 缺点：增加外电源线路长度，致使外线工程成本增加
④占地面积、建筑间距、道路等要求应符合供电审批要求 目的：考虑消防、设备运输、人员检修通道	④规划阶段预留占地过小，未能考虑建筑间距及交通组织审批要求 缺点：未考虑人员检修和设备运输通道，加大供电审批难度
⑤躲避潮湿积水及地势低洼场所 目的：保证供电安全	⑤规划设计阶段已经提前考虑场地标高问题
⑥考虑与小区风格、景观的协调 目的：满足销售需要	⑥设计阶段提前与供电审批部门沟通，对建筑外立面、风格进行调整
⑦降低低频噪声干扰及视觉干扰 目的：避免业主投诉，满足销售需要	⑦对低频噪声干扰未采取预防措施，扰民，易引起客户反感

通过对比，我们可以清晰地发现，在正确的设计原则和实施现状之间有着很大的差异，见表7-1。

由案例可知，在不同方案情况下的外电源及区内高压电源的比较差异巨大。现状外电源共3000余米，通过优化可减少约400余米，比例超过10%。区内外电源线路可减少50%以上。最大供电半径，也可节约一半的长度（国家规范规定：最大供电半径不应超过200m；某些地方供电局还规定：最大供电半径不应超过150m；供电半径超过国家规范要求，则还需通过增加配电室进行方案调整）。还有就是随之而来的土建工程量变化，电力三通、四通、直通井，转角井，电缆沟等等，优化的工程量也是相当可观的。

案例二：变配电所选址对综合管线设计的要求：

①工程管线综合设计的主要内容：确定工程管线在地下敷设时的排列顺序

和工程管线间的最小水平净距、最小垂直净距；确定工程管线在地下敷设时的最小覆土深度；确定工程管线的平面位置及周围建（构）筑物、道路的最小水平净距和最小垂直净距。

②工程管线综合设计的主要原则是压力管线让重力自流管线，可弯曲管线让不易弯曲管线，分支管线让主干管线，小管径管线让大管径管线。

工程管线综合设计中容易出现的问题是，对各工程管线垂直交叉部位、高程变化部位未进行局部断面施工图设计；对埋深大于建构筑物基础的工程管线未进行最小水平距离核算；设计工程管线间最小水平净距只考虑管道本身，未考虑相应管沟宽度、管井尺寸（很多情况下往往是管线间最小水平净距符合规范要求，但管沟、管井相互重合或间距过小，无法满足施工要求）。

以下文项目为例，该处共计有热力、燃气、污水、电力共7条主干管线，这些管线除了电力管线外均在此处入户。由于管沟、管井尺寸要求不合规定，设计图纸多处不具备施工条件，违反国家规范要求，无法通过燃气验收，项目工期也曾因此燃气通气延后而滞后，见图7-3。

同样，由于开闭站西侧管线过于集中无法排布，加上最初规划设计地下锅炉房与开闭站间距仅为5m，致使开闭站基础因坐落于管线上方无法施工而东移2m，反过来侵占学校用地，造成开闭站东侧距学校围墙仅0.6m，学校迟迟无法通过供电验收。实施现状可见图7-4和图7-5。

另外，由于规划设计阶段未考虑贴建配电室的电磁辐射和低频噪音的干扰，在单体设计中未采取技术防护措施，也无法提供相关防护证明。后期有业主向开发商提出退房要求及索赔要求的情况。实施现状可见下图7-6。

我们对于设计优化后的技术方案分析应关注于：减少线路长度，改善供电质量；减少管井数量，便于综合管线布置，同时考虑降低供电报批难度，便于公共用电设施的集中管理。

由案例可见，本次低压供电设计方案的优化，仅仅是做了一些认真的分析，其中关于变配电所布置、用电点分配的优化，应该还有很多环节值得继续细化。但应该引起我们重视的是，这仅仅是涉及一个项目的一期工程，并且又只是其中之一的供电系统的设计研讨。由此可见，只要我们在规划、设计阶段对技术标准要点进行控制，形成有效地设计审核体系，就可以节省工程成本上百万元，从而有效地避免了项目利润在规划、设计阶段无形的流失。

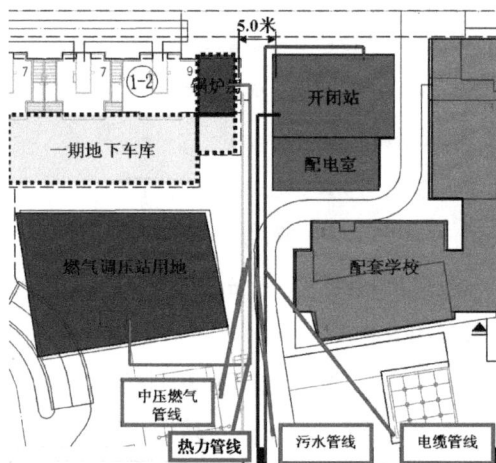

▲ 图7-3　管线综合平面分析图

▲ 图7-5　开闭站东、南侧照片

▲ 图7-4　开闭站两侧照片

▲ 图7-6　贴建住宅的配电室照片

案例三：住宅小区公共机电设备监控设计问题（未对小区公共机电设备进行监控）

名词解释：

液位检测：对水塔、水箱、水池等水位高低进行的水位检测。

饮用蓄水池：储藏生活饮用水的蓄水池。

消防水池：储藏消防用水，用于园区消防供水的水池。

时间、照度控制：根据时间信号和照度信号要求实现的控制信号。

联动控制：不同设备之间有逻辑动作要求时，需要采用联动控制。

回路控制：根据不同的设备分组情况按回路要求实现的控制。

让我们借助上面的名词解释和表7-2，来了解一下居住区公共机电设备配置合理与否所产生的差异和相应带来的问题。

因此在设计前期阶段，应按小区公共机电设备监控系统的设计流程，

193

小区机电设备设计对比表   表7-2

住宅小区公共机电设备监控系统的管理功能要求	不合理的项目机电设备监控系统的问题
①监视高层公寓电梯的运行状态及故障报警	①未设置会造成电梯发生运行故障无法及时发现的隐患
②监视各公寓楼水箱水位、水泵运行状态及故障报警	②未设置会造成发生水箱溢水事故的隐患
③饮用水蓄水池的过滤、杀菌设备的监视与控制	③未设置会造成水质无法保证的隐患
④监视蓄水池、消防水池、污水池的水位高低检测、过限报警。给排水系统水泵的运行状态、故障报警和启停控制	④未设置隐患：容易发生溢水事故，对设备运行状态无法及时检测
⑤及时监视会所、商业街等变配电设备的状态显示、停电及故障报警	⑤未设置隐患：无法及时发现并处理紧急停电事故
⑥公共照明设备的启停控制及时间、照度的自动控制，公共照明控制回路的启停设定	⑥未设置隐患：公共照明设施的启停随意性较大
⑦园林景观动力设备的运行状态、启停控制及故障报警	⑦未设置隐患：无法统一管理园林景观
⑧空调机组的运行状态、启停控制、节能控制及故障报警	⑧未设置隐患：浪费能源，加大运行成本

◀ 图7-7　水箱溢水造成
洪水泛滥的照片

进行严格的技术管理。首先，充分的技术方案经优化后可更加合理，能及时发现设备系统故障，并且可延长设备运行寿命，降低设备系统的故障率；同时还能节约能源，实现公共机电设备的最优化管理。此外，项目成本目标能得到有效控制。设计前期以优化方案为基础进行目标成本管理，可以避免后期因系统功能缺陷或隐患进行改造的成本浪费，同时也降低了后期运行维护成本。

案例四：住宅小区污水处理系统设计问题（污水处理量计算问题和事故状态下的强化排污问题）

名词解释：

污水处理：对小区生活污水（粪便冲厕污水）进行处理称为污水处理，处理后水质应达到国家规定的污水排放标准。

中水处理：小区生活污、废水（厨房、洗浴排水）进行处理称为中水处理。处理后的水质达到国家规定中水排放标准。中水可以用于冲厕、园林浇灌、洗车等，严禁用于与人直接接触的场合。

污水峰值处理量：污水最大的小时处理流量。

消沫装置：用于消除处理污水氧化反应过程中产生的泡沫。

小区的污水处理系统如果设置不当会带来哪些问题呢？见表7-3。

小区污水系统设计对比表 表7-3

住宅小区污水处理系统设计管理的要求	不合理的项目污水处理系统存在的问题及产生的后果
① 对小区总污水处理量进行核算，以保证污水处理效果；提高设备选型准确性	① 小区总污水处理量估算错误 后果：无法保证污水处理效果；增加工程成本；影响小区整体规划及使用
② 对污水处理工艺提出明确的设计要求，以保证污水处理效果；提高系统运行可靠性；降低系统运行成本	② 选用比较落后的污水处理工艺 后果：污水处理排放未达标；实际污水处理量低于小区总污水处理量
③ 进行峰值污水处理量复核，可考虑设备紧急状态下的备用系统，以提高系统运行可靠性	③ 未进行峰值污水处理量复核，未考虑设备紧急状态下备用系统；仅考虑污水处理量，未考虑雨污合流强排措施，导致中水设备报废，污水排放不达标
④ 污水处理设备应设置自动控制及远程在线监测，以提高系统运行可靠性，降低系统设备故障率	④ 未设置自动控制及远程在线监测 后果：无法及时发现系统设备隐患，系统消沫泵无液位过限联动控制，发生泡沫外溢
⑤ 污水处理站与住宅建筑应有一定距离，避免业主投诉，降低技术措施处理费用	⑤ 污水处理站与住宅建筑贴建 后果：影响销售效果
⑥ 污水处理站应充分考虑噪声、臭气处理措施，以保证客户利益，促进销售	⑥ 未进行噪声、臭气的处理 后果：引起业主群诉

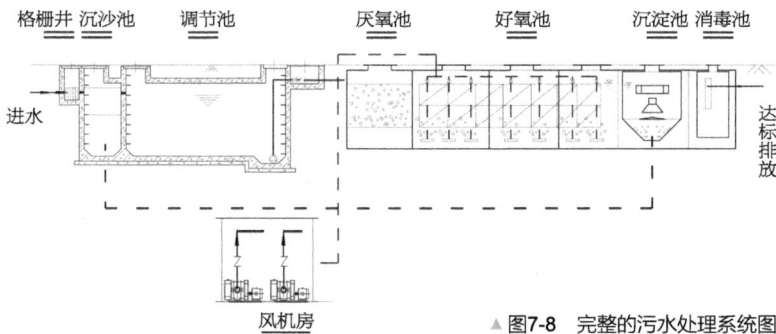

▲ 图7-8 完整的污水处理系统图

图7-9为现状污水处理站位置示意图，图7-10为污水溢出照片。

由这一系列的案例图片可知，在设计前期阶段，应按小区污水处理系统设计流程要求进行设计。这样可以使技术方案更加可靠。在满足污水处理要

▶ 图7-9 现状污水处理站位
置示意图

▲ 图7-10 污水溢出照片

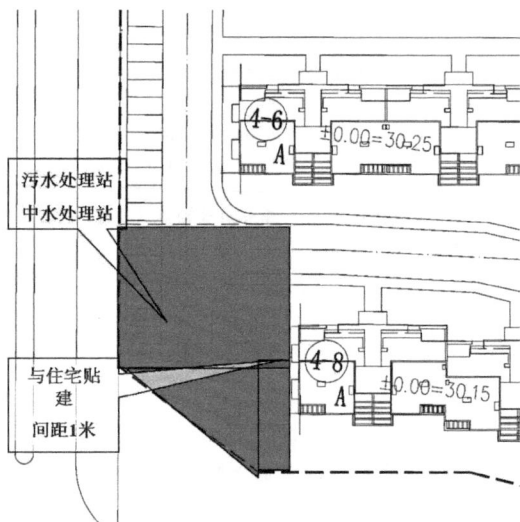

求的同时，又能大幅提高设备运行寿命，同时能避免设计失误带来的设备投资浪费，又能避免因设备隐患造成的设备改造成本浪费。当然，这样也可以避免出现下文照片中的引起客户极大不满的紧急状况。

案例五：住宅小区燃气系统设计问题（站箱占地及形式问题）

名词解释：

燃气调压站：对管道燃气压力进行调整的设施。高中压燃气调压站占地面积约1500m^2，中压燃气调压箱占地面积为200m^2；低压燃气调压箱占地为50m^2。

高压燃气：输送燃气压力0.4MPa＜P，称为高压燃气。

中压燃气：输送燃气压力0.005MPa＜P≤0.4MPa，称为中压燃气。一般燃气锅炉均采用中压燃气。

低压燃气：输送燃气压力P≤0.005MPa称为低压燃气。住宅用气采用低压燃气。

供气规划咨询方案：如依据地方燃气总公司规定，住宅小区燃气方案必须经过燃气总公司计划发展部，委托进行供气规划方案设计。

我们先通过表7-4，来明晰一下某项目的实施现状与合理的设计管理要求之间的差距。

燃气调压站占地示意图见图7-11。

小区燃气系统设计对比表　　　　　　　　表7-4

住宅小区燃气系统设计管理的要求	项目燃气系统的现状
① 对于小区燃气系统站、箱的布置，在规划设计前期阶段应与主管部门进行规划方案咨询，尽量合理地减少占地面积	① 规划设计前期阶段，对燃气站、箱布置、形式等未与主管部门进行合理沟通 后果：增大无偿占地面积，影响整体规划布局及销售效果
② 燃气调压站、箱的布置应尽可能按地下站点条件进行申报	② 未按地下站点条件进行申报 后果：影响整体规划布局及销售效果
③ 燃气调压站、箱的围护要求应与园林景观设计紧密结合	③ 未考虑园林景观配合 后果：对景园的实施效果造成不良影响

197

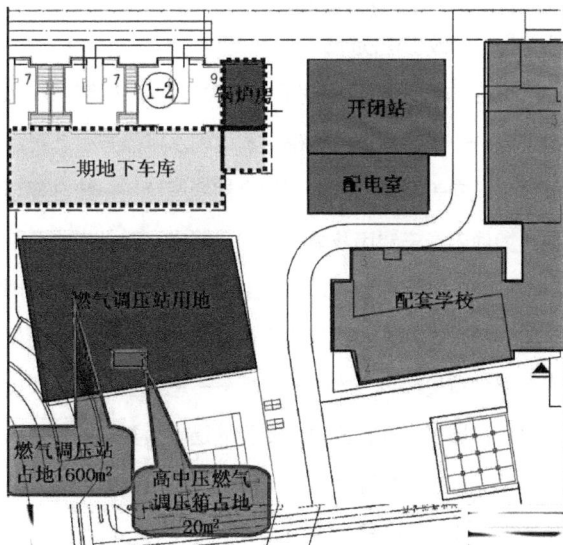

▶ 图7-11　燃气调压站占地示意图

由以上众多案例可见，明确各阶段总图设计的关键点，前置性地安排总图设计工作，对于一个项目实施是非常重要的。那么，下面首先我们要明确的就是总图设计在各阶段工作中的主要任务。

(1) 方案阶段

首先，为了配合方案创作及方案报建，总图设计需统筹考虑核准建设用地法定边界及建筑物、构筑物的总体布局。原则上确定建筑物及场地主要控制标高，对特殊地段项目进行防洪排涝、防火安全、卫生环保等技术论证，对复杂地形项目进行场地平整、土石方平衡及填挖工程总量估算，综合考虑布置室外各项工程管线等内容。

此外，在方案前期就需要特别注意以下内容：意向性场地平整方案——初步的土方平衡计算，以及场地处理方式的建议，比如建议方案是平坡或台地形式。还有就是对规划布局的建议——例如地形对单体布置方式的影响，对建筑朝向、间距、日照、通风、规划要点的影响、地质条件因素分析等等。此外，宗地周边市政条件也要进行分析，四源（水、电、气、热源)的接入条件、路径、容量分析，雨污水接出位置、容量，宗地的场地基础条件综合分析，市政工程预计成本投入等。

而在方案设计阶段则需延续关注以下内容：场地内道路高程与场地竖向关系——结合规划结构确定场地雨水排除方式、场地平整工程的竖向控制坡度、坡向等等；市政管网综合初步设计——结合规划路网结构以及道路分级，场地内各主要市政管线走向、路由，对各主要道路的管线敷设做道路断面设计，以确定合理的道路宽度；各主要市政站点布局方案——根据规划确定的户数、人口规模初步确定各专业市政站房所需面积、建造方式以及合理的布局；有关经济技术指标分析——室外竖向工程量指标，如土方平衡、挡土墙、护坡等工程。同时，重要的是必须要根据项目操作二级计划来排制市政单项工程报批报建计划，同时及早确定各专业市政站点的合理位置、规模及投资成本、预算等条件。

(2) 扩初阶段

搜集基础资料等必要设计依据，依据政府专项部门对方案设计的有关批复，对方案阶段未尽事宜进行落实。对方案中可能出现的场地问题提出解决和预防措施。初步确定合理的建筑平面布局、竖向关系、交通组织方式、道路网格局、重要工程设施位置以及主要工程管线走向，为施工图设计提供依据。同时，此阶段也是市政单项工程计划的实施阶段。

该阶段的工作安排可根据项目复杂程度、各地规划管理部门审批要求及建设单位要求各有侧重。但在各项设计逐步深化的阶段，总图需要充分与规划、单体、景观等专业进行搭接，形成互动。

(3) 施工图阶段

在方案设计或初步设计的基础上，结合前一阶段的设计批复，对总平面布置、场地竖向、道路形式、地下工程管线排布以及各项室外工程（不含环境工程）进行详细设计，对建筑物、构筑物进行定位，对道路进行定线，以满足施工图审查及报建要求，并最终满足建设项目总图设计实施的各项专业施工、验收要求。

综上所述，总图工作是一项既有专业独立性，需要大量前置开展的工作；又有综合协调性质，需要各端口统筹并进的工作。因此，在项目设计启动之初就要及早准备，并分别明确技术人员的职责、对外沟通人员的职责等等。由此，我们也建议使用表7-5等类似的控制工具。

依据以上工具，可由具体专业操作人先按照作业指引的要求完成总图设计的各阶段成果，填写《总图设计成果评估表》。随着各个设计阶段的工作深化，依据每一步对总图设计的要求，对初步成果再进行审核。如果遇到问题，及时组织召开各部门、各专业工程师参加的技术方案评审会。有了类似机制，需决策的问题也可以及早提交到项目技术层面进行讨论并最终有效解决。

199

总图设计成果控制表 表7-5

总图初步设计技术成果评估表（设计前期阶段）				
项目名称		建设用地面积		
总建筑面积				
场地竖向初步设计评估要点				
设计内容	已完成 评估意见		经办人	技术负责人
竖向设计说明	☐场地平整方案、特殊地形、护坡、挡土墙等			
场地竖向设计图	☐场地坡向、坡度设计、挡土墙护坡位置			
道路竖向设计	☐道路坡度、坡向、变坡点标高			
土石方工程量清单	☐土石方工程量计算			
市政管线综合初步设计评估要点				
供水管线	☐外线接口、沿区内主要道路走向、路由、局部高程设计，阀门井、检修井位置，站房位置、规模			
电力管线	☐外电源接入位置，沿区内主要道路走向、路由、局部高程设计，电力井位置，站房位置、规模			
燃气管线	☐外线接口、沿区内主要道路走向、路由、阀门井、检修井位置，站房位置、规模			
热力管线	☐……			
电信管线	☐……			
雨水排水方式及管线布置	☐雨水收集或排除方式，雨水利用方案			
污水处理方案及管线布置	☐污水处理站站房位置、规模，管线路由、局部高程设计			
中水处理方案及管线布置	☐中水利用方案			
道路断面设计以及局部管线竖向综合设计				
专业部门评审意见				
需投资方决策问题				
1.技术应用				
2.成本分析				
3.其他……				
设计负责人	相关部门负责人		主管领导	

第八章

施工阶段的
设计管理

一　施工阶段设计管理工作的意义

工程建设管理阶段作为设计的一个分步过程在工程当中延续。施工阶段的技术管理也是整个设计过程中的重要方面，也是质量管理的必要组成部分。因此，充分提前理解设计意图和预判项目的挑战就显得非常重要。

在国际上通行的工程施工阶段中，对建筑师的责任约定是一项复杂而艰巨的工作。工程施工阶段是承包商、建筑师和客户之间理想的合作伙伴关系的集中体现，大家最终的目标是一起成功。建筑师则必须认识到承包商的问题，并协助其解决，帮助他成功。一般来说，这一阶段建筑师的工作需要有更广泛的侧重点，而不是简单的遵守既定的合同履行职责。很多大型的国际化设计公司里都有专门的施工管理人员，并且在施工阶段的技术管理文件中都有单独、明确的文件列项以供参照。而这些一般在中国的设计院都是没有的，除非设计合同进行特殊的约定，比如一些美国设计公司在工程建设阶段的服务四项主要原则是：

"·用详尽、忠实和专业的方式来履行设计责任。

·保证设计美观和技术实施的质量。

·确保客户满意程度高。

·实现可持续的设计目标。"

境外设计事务所意识到只有通过对细节的高度关注和对项目要求的严格遵守，才能保证项目实施符合设计意图和标准。这就需要工程技术管理团队对每个合作方的需求都非常敏感，因此巧妙的沟通技巧会显得至关重要。由此，很多境外设计事务所的工程技术管理团队的工作原则就是，要从前期的设计阶段就进行介入，而到了施工阶段都会尽量维持设计意图的连续性。他们鼓励采用同样的沟通方法，尝试维持团队的人员结构，甚至要求保持团队成员之间的合同约定关系，这些细节都足以影响大家的默契程度，影响建筑师、工程师们连续提供服务的能力。同时，公司也会给工程技术管理团队提供成熟的项目管理手册，其中包含所有相关的行业标准，包括在施工期间使用的文件和施工文件中引用的准则，适用的建筑法规等等。另外，大型境外设计公司内部还有针对工程施工的建设管理数据库系统作为支持。简而言之，充足、有经验的工作人员，以及足够的实地监督，再辅之以强大、系统的技术背景资料作为支持，这样的投入就等于在避免项目的延误和错误。

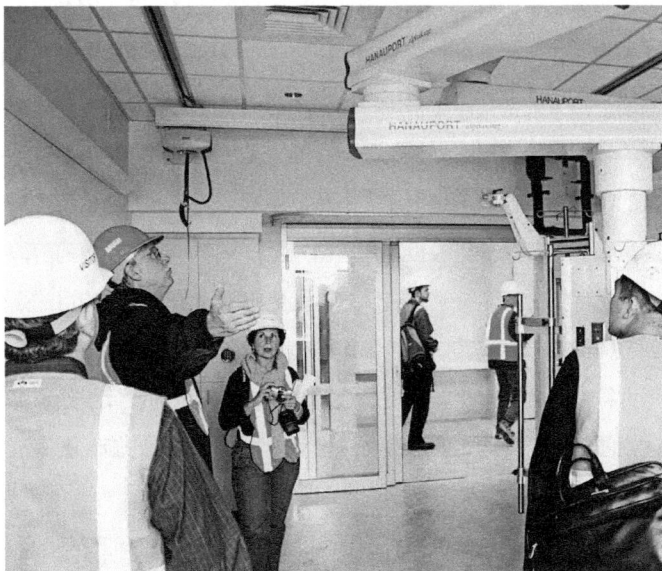

▲ 图8-1　设计师进行现场控制

二 施工图审查及后续工作交接

应该说在任何情况下，施工图的综合审查与清晰交接对于后续质量和工艺的控制作用都是无可替代的。没有完整有序的图纸交接就不会有接下来有效的工程组织。目前绝大多数设计单位和工程管理环节中都有较为明确的内外部审查和技术管理环节，而且国家对于类似施工图纸的重要文件的质量和深度也有统一要求，并要求专业的、具有资质的第三方图纸审查单位进行把关，在这里就不再详细展开。

但是，针对外部（特指那些业主的技术管理环节）审图这一议题，我们认为应该还是要有自己的标准。也就是应就图纸的审查范围和工作内容做出明确，如果外部会审过程是打算集中、一次性把所有各专业图纸问题都看出来，我们觉得这对很多外部参与审图人员所拥有的经验水平以及审图所需投入的时间来讲，都不是很现实。从某种意义上来讲，这也就脱离了外部审查的意义。与其这样打算投入大量精力亡羊补牢，还不如事前阶段控制，争取一次把事情做对做好。那么反之，就更应明确我们看图的目的是什么，想达到怎样的效果，其实内、外部审图的关键还是要有所侧重，应特别关注图纸是否符合原始的重点要求，是否能对应之前确认的设计任务条件，哪些没有达到图纸所特别约定的深度。这也可以区别于第三方施工图审查单位对图纸关于制图原则、国家规范等问题的把关。

还需要特别关注的是，由于图纸内审工作往往并非由单一工种、单一部门、单一职能所能解决的，需要牵涉各个单位、各个专业的意见，所以归纳汇总以及书面记录尤为重要。我们可以以表8-1施工图审图意见表为例，除了要记录工程项目名称外，所涉及子项，涉及专业，审、绘图人等等信息都要有据可查。在对应图号的图纸内容的记录上，还要特别关注有关审图意见的修改、落实情况，以便大家随时查阅。

施工图审图意见表　　　　　　　　　表8-1

项目名称		子项名称	
设计单位/设计人		专业	
审图人		审图时间	
图号	审图意见	落实情况	备注
1			
2			
3			
4			
5			
6			

三　施工标准及工艺样板确认的指引

在完善的图纸交接指引下，如果有操控余地，我们建议针对一些较为复杂的工艺，还有一种可称之为施工工艺样板指引的工具可供借鉴。也就是说，一般在大面积施工前，通过样板确认提供验收标准及依据，以保证工程质量满足设计标准要求和使用要求。工程甲方可负责组织设计等各方面对施工标准和工艺样板进行确认，而监理单位、设计管理和市场部门都要适时参与。

1. 样板工艺需要确定的范围

具体样板工艺需要确定的范围可由项目所在工程部门组织，参照以下内容考虑，可以包括但不限于：

(1) 屋面防水、保温、隔热、屋面瓦；

(2) 厨卫间防水、地下室防水；

(3) 外墙对拉螺丝孔堵塞；

(4) 砌体及特殊结构构造；

(5) 空调系统、空调孔的坡度等；

(6) 室内地坪，完成面的做法；

(7) 室内开关、插座位置（含有线电视、电话）、开关箱；

(8) 室内门窗（含五金配件）加工、安装、封堵塞缝、收边等；

(9) 外立面（阳、平台）栏杆；

(10) 屋顶花园、上人屋面做法；

(11) 楼梯间踏步，楼梯间装饰；

(12) 外墙涂料（各种颜色）、外墙面砖（颜色、搭配）、油漆；

(13) 单元入口大厅、电梯前室及其他公共部位的特殊装修效果；

(14) 室外空调挡板、遮阳板；

(15) 室内、户内的二次装修；

(16) 公共空间的入户门、单元入口门、雨水斗、门碰、门拉手；

(17) 室内（楼梯）栏杆；

(18) 外墙干挂、湿挂大理石，幕墙做法；

(19) 小区围墙、广场砖、庭院路等景观节点。

2. 工程样板确认操作步骤及注意事项

(1) 首先，实施内容和计划须监理公司审核后，依据施工方案进行确认。

(2) 其次，根据工程进展情况及样板房的位置，指定施工地点。

（3）再者，各专业设计师、承建方驻场工程师协同监理单位共同对实施过程进行监督检查。

1）保障科目检查

① 确认材料的来源：无论甲供或者乙供、要有明确的三方合同，确保供货与设计定样吻合；

② 施工人员情况：要关注包括作业人员单位、作业负责人名称、操作人员数量等项；

③ 完成执行施工或技术方案交底；

④ 统计过程中的材料消耗情况。

2）操作科目检查：

① 基层的处理符合规范；

② 结合层要满足规范和工艺标准；

③ 面层要满足使用要求和工艺标准。

3）承建方的专业工程师应逐一检查每道工序，必要时要求旁站监理。

4）检查结果由各方专业的工程师书面确认留存归档。

（4）设计方、承建方的各专业工程师和监理人员一同验收样板，必要时还应邀请市场营销人员，并最终由各方予以确认。

1）特别注意的是那些需设计参与验收的项目（市场营销方面则主要关注涉及感观的要求），应包括但不限于：

① 室内开关、插座（含有线电视、电话）的位置及面板，在样板安装完成后验收；

② 门窗的颜色和五金配件颜色及使用功能，样板安装后进行验收；

③ 阳台栏杆颜色、结构及配件组合的合理性；

④ 阳台地砖铺设方法的验收；

⑤ 公共部分面砖、涂料颜色；

⑥ 石材样板的颜色、拼花要边施工边验收；

⑦ 小区样板道路的铺装及图案要边施工边验收。

2) 需承建方派人参与验收的项目，可以包括但不限于：

① 地下室防水验收用材及工艺，样板施工完成后立即验收；

② 屋面工程验收用材及工艺的样板验收；

③ 楼梯栏杆验收；

④ 干挂大理石的样板验收。

各专业环节对检查验收的结果统一意见后，封板定样，形成验收单。

有了这样完整的工艺组织程序，任何施工环节、材料标准应该都是完整、确定的，在后续实施环节也会有所保障。并且在十几年前，国内很多开发企业也陆续将施工工艺做法样板间逐步转变为市场营销化的手段。开发企业通过详细的物料展示，以彰显其材料之精良，显示其工法之完备，以及提升业主对于未来的施工工艺材料水准的信心。这也正成为市场上一种越来越喜闻乐见的营销展示手段。当然，这也离不开在设计前期，就对部品、工艺、做法的前置研究。

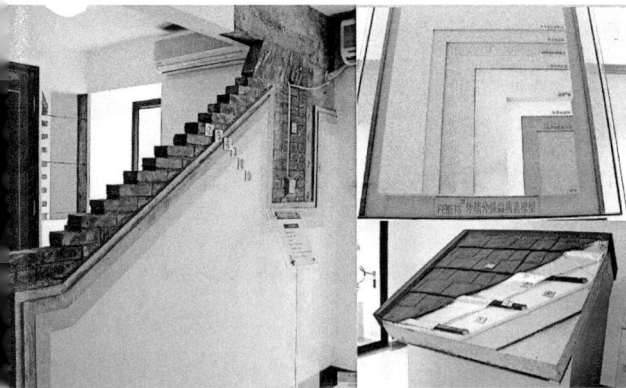

◀ 图8-2 通过工艺做法展示局部技术构造

◀ 图8-3 通过工艺做法展示窗的断面

四 现场定期巡查及管理工具

在现场施工环节中，无论我们的设计组织中有没有所谓的专职施工管理人员，我们的设计师都会涉及现场解决问题的经历，也就是通常说的要下现场。但是，很多技术人员即便到了现场也无法做到很有效率。他们也许深入现场的次数并不少，但却发现不了那么多问题，当然我们这里排除的是个人设计把握能力以及设计经验的差异因素。我们提及的是一些大家其实都很容易做到的工作方法，比如发现了问题有没有习惯地形成记录，形成了记录之后有无有效的手段进行跟踪，最终对整体项目实施过程的管理能否形成帮助等等。

那么，如何在现场形成记录才能做到有效呢？我们不妨尝试一下类似现场控制表的方式（表8-2）。首先，我们建议在控制表单中应明确责任人、日期等必备内容，并列出打算描述的事项和内容。由于现场往往一个问题涉及多个部门的协调，所以还应备注出连带部门或环节，以及对应问题的要求解决时间和解决方案。当然，最好能做到图文并茂，一目了然。这个表单应定期收集，并及时归档，及时由主管领导逐级确认，以确保信息通畅。

对于以上内容的定量收集和整理，有助于现场的统筹、及时管控。定期的整改，也会大大提高现场产品控制的精细程度。

现场巡查表 表8-2

填表人	×××	填制原因	工地巡查	关键点		备注	
描述项目	内容			相关部门	时间	附图片	
进度	一期项目竣工前工地巡查（栋）					位置：飘窗空调	
存在问题	飘窗空调位空调百叶安装问题及通风问题						
解决方案	通风问题解决方案 因侧面开洞，比两侧都封闭的空调位情况稍好，但因空间窄，排风方向不定，排风间距短，因此无法用通风面积准确地确定百叶疏密，需试验测试 解决方案：尽量减少对排风口的遮挡面，将百叶隔条的间距增大（两个隔条去掉一个，但留出铝合金埋钉洞），见右上图。安装问题解决方案：见右图						
效果							
存在问题	防火门 1.核心筒电梯厅出楼梯处防火门顶部有80mm高空隙，底部未考虑电梯厅装修做法面层高度 2.核心筒B走道水管井丙级防火门贴水管安装，会突出消火栓外边沿20mm以上					否	

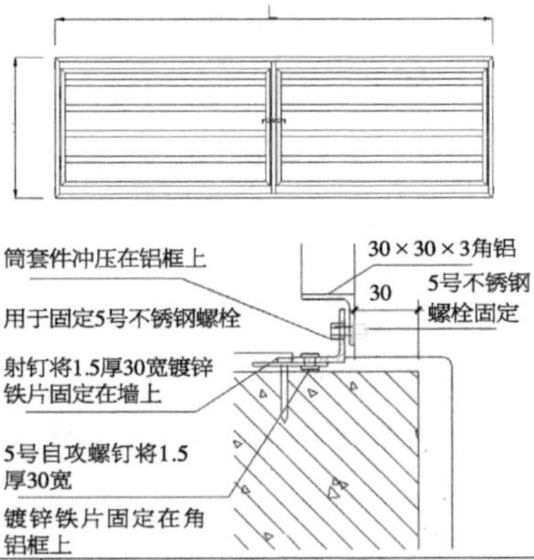

填表人	×××	填制原因	工地巡查	关键点	备注
解决方案	1.防火门整体向上提高75mm，包括门框门扇 2.丙级防火门高度改小，上沿贴横管底部安装，防火门与消火栓之间用挡板封堵				
效果					
存在问题	屋顶平台南向女儿墙上栏杆高度小于1100mm				
解决方案	确认此平台为疏散楼梯通向的上人屋顶，需增加150mm高栏杆扶手				
效果					
存在问题	内开飘窗未做防护，有安全隐患				
解决方案	用3根ϕ10mm圆钢固定在窗外				

211

填表人	×××	填制原因	工地巡查	关键点	备注
效 果					
	工作完成情况进行评价			部门经理与责任人共同完成	
评分	5	4	3	2	1
评语				评审人签字	
				评审日期	年月日

二期项目施工中

位置

A 栋室外车位分隔绿化

描述

种植绿篱过长，影响车开门

减短1/2

位置

底层商业西侧立面

描述

窗与梁发生冲突，调整做法

五　设计变更及现场签证管理

工程现场实施过程离不开现场洽商和签证的管理。这也是现场管理的关键环节，并在工程成本核算和最终实施效果控制角度都能起到决定作用。那么，从现场工程控制角度来讲，设计洽商和签证管理需要注意哪些原则和明确哪些事项呢？

（一）设计变更及现场签证需遵照的主要原则

权力受限原则：对设计变更及现场签证管理应实行严格的权限规定，不能有模糊的界面，不在权限范围之内的签字应一律无效。

时间受限原则：对设计变更及现场签证及其结算执行应有严格的时间限制，具备时效性，事后补办对整体程序的影响极大，具体应约定在每月的一定时间之前，发包单位、承包单位应就截止到上月末已完工且手续完备的设计变更及现场签证，及时核清造价并签字确认、复核。

一单一结算原则：一个设计变更及现场签证单应只编制一份结算单，且对应一个工程合同。

完工确认原则：设计变更及现场签证完工后，发包方的现场工程师和监理工程师必须在完工后一定时限内签字确认，如属隐蔽工程，必须在其覆盖之前签字确认。

原件结算原则：设计变更及现场签证的结算必须要有齐备的、有效的原件作为结算的依据。

多级审核原则：设计变更及现场签证的造价结算至少要经过二级以上的审核环节。

法律约束原则：对一定数额以上的工程合同，发包单位与承包单位签署工程合同的同时，应与承包单位另行签订《关于设计变更及现场签证的协议》，作合同补充协议，供双方执行。

（二）明确设计变更内容、要求

(1) 设计变更的定义

设计变更是指对设计内容，特别是图纸进行修改、完善、优化，一般是需要设计单位的签字、盖章。

1) 设计变更的主要类型：

① 由于设计单位的施工图出现错、漏、碰、缺等情况，而导致做法变动、材料代换或其他变更事项；

② 由于发包单位设计部改变建设标准、结构功能、使用功能、增减工程内容，而导致做法变动、材料代换或其他变更事项；

③ 由于工程管理部、项目部、监理单位、承包单位采用新工艺、新材料或其他技术措施等，而导致做法变动、材料代换或其他变更事项；

④ 由于销售部、客户服务中心、业主要求提出变更，而导致做法变更、材料代换或其他变更事项。

2) 所有设计变更必须使用统一规定的标准表格，并明确以下内容：编号、工程名称、发生的时间、发生的部位或范围、变更的内容做法及原因说明、增加的工程量、减少的工程量、相关图纸说明。

3) 同设计院对接的部门或经办人员应要求设计院按规定的统一格式填写设计变更单。如设计院未按规定格式填写或另有附图，则应另行按规定格式填写设计变更单作内部审批、结算用，设计院的文件只能作为附件。

4) 所有设计变更只有加盖《设计变更、现场签证协议书》中留有印样的专用章或发包单位公章才能生效，承包单位也应加盖有效印章。

5) 发包单位自行提出的设计变更是否需要设计院盖章签字，可根据当地具体规定执行，如果无须设计单位确认，则也应由发包单位相关职能部门签字确认。

6) 发包单位、承包单位均应对设计变更单进行编号(可按归属合同连续编号，总承包合同还应分专业连续编号)，并整理归档、妥善保存。双方都应设置设计变更、现场签证事项的单据交付记录。

(2) 设计变更内部办理需注意的事项

1) 设计部、工程部在填写设计变更单时，应根据事件的重要性由部门经理或其授权人签署。非设计院提出的重大设计要求应按当地主管部门的规定，由设计院发出。设计变更若涉及需要重新报建的需知会相关部门；如涉及对客户销售承诺的改变需知会营销部。

2) 设计部、工程部在填写设计变更单时，若因本专业变更导致其他专业需要一同变更的，应及时发出相关知会。比如因墙体位置改变而导致水电管线移位的情况。

3) 此外，设计变更应表达清晰，而对措辞不清、结算时易引起分歧的变更单退回，要求提出部门表达清楚，不致引起歧义。

（三）明确现场签证的内容、要求

(1) 现场签证的定义

我们还是先明确一下有关签证的定义。现场签证是指对施工管理中发生的零星事件的确认，例如：因设计变更引起的拆除、地下障碍的清除迁移、临时用工等。或特指那些不便于图纸测量、核算的工程变化。

1）现场签证的主要类型可分为：

① 因设计变更导致已施工的部位需要拆除（需注明设计变更编号）；

② 施工过程中出现的未包含在合同中的各种技术处理措施；

③ 在施工过程中，由于施工条件变化、地下状况（土质、地下水、构筑物及管线等）变化，导致工程量增减，材料代换或其他变更事项；

④ 发包单位在施工合同之外，委托承包单位施工的一定数额以内的零星工程；

⑤ 合同规定需实测工程量的工作项目；

⑥ 红线外施工道路的修补（红线内的施工道路修补宜在合同中明确）。

2）所有的现场签证单都必须使用规定的标准表格，并明确以下内容：编号、工程名称、发生的时间、发生的部位或范围、变更签证的内容做法及原因说明、增加的工程量、减少的工程量、相关图纸说明。

3）所有现场签证单只有加盖《设计变更、现场签证协议书》中留有印样的专用章或有发包单位的公章才能生效，承包单位也应加盖有效印章。

4）发包单位、承包单位均应对现场签证单进行编号（可按归属合同连续编号，总承包合同还应分专业连续编号），并整理归档、妥善保存；双方都应设置设计变更、现场签证事项的单据交付记录。

(2) 处理现场签证时需要的关注点

1）现场签证也应表达清晰。对于措辞含糊容易引起歧义的签证，现场工程师在签署时应征求成本管理人员意见，否则用词不准在结算时也很容易造成经济纠纷。

2）签证内容完成后，工程师应避免签署类似"情况属实"或"工程量属实"等模糊性内容，而必须实测实量后签字确认完成或未完成的事实或者工程量、材料材质和规格、工日数、机械台班等。原则上监理工程师不应直接在签证上签认有关单价或总价。所有的确认和签证单都需经项目部负责人核准后方为有效。

3) 如果签证单附有交工图纸，则监理及项目部工程师应审核图纸是否与实际施工结果相符，并在图纸上签字确认。

4) 如签证单涉及隐蔽施工、金额、工日、机械台班及其他事后不可复核的项目时，则应由项目部工程师及成本部工程师共同、及时现场认定。

六　重点问题需重点关注

对于经历了这么多精细管理环节的材料，我们是否能做到像那些大师一样控制我们的作品呢？很多活跃在现代设计界的大师作品都以材料表现为其设计的重要特色。

▲ 图8-4　安藤忠雄（Ando Tadao）的清水混凝土

▲ 图8-5 马里奥·博塔（Mario Botta）的砖

218

▲ 图8-6 阿尔瓦·阿尔托（Alvar Aalto）的乡土材料

▲ 图8-7 弗兰克·盖里（Frank Gehry）的金属板设计（一）

▲ 图8-8 弗兰克·盖里（Frank Gehry）的金属板设计（二）

　　下面我们就以一个目前市场上使用最为普遍、看似又比较简单的外墙砖的铺贴要求为例，希望以此能梳理一下一件普通的材料从设计图纸到材料选样，最后一直到施工完成的过程，以及期间各个过程需要关注的事项。

　　首先，要明确整体工序和控制点，材料的现场应用基本可以分为以下五个控制的步骤：预备——验料——施工——明确原则——质检。

（一）预备工作

　　(1) 预备一：要尽量准确的统计工程量。为确保现场效果统一，采购时须准确统计工程量，切忌补货。因为即便在统一的技术原则下，非同一批号的产品也会存在色差。通常厂家在接单后，会预留10%的余量，作为超过该限度的补货。

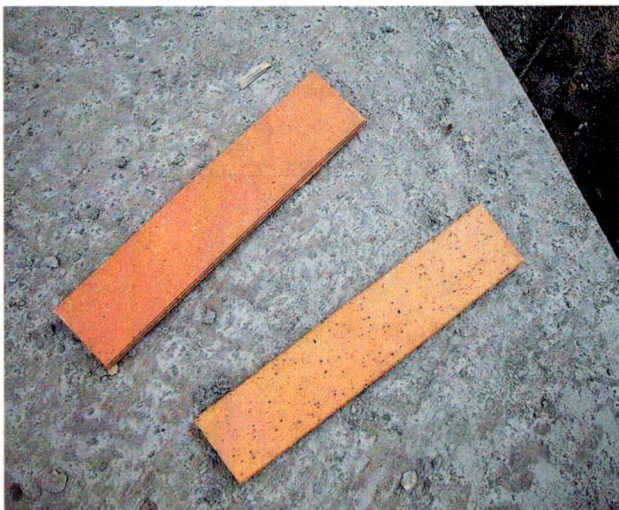

▲ 图8-9 两块不是同一批号砖的色差

图8-9中，两块砖色号一致，由于批号不一，现场色差较大。

(2) 预备二：在具体到每层的施工图上明确材料平面分色图。以不同线型沿外墙区分涂料和砖墙面，对照立面、平面分色图即可确定砖墙确切位置，指导施工的同时也便于成本核算，更进一步直观地表现立面的材质及色彩变化。平面分色图应与立面分色施工图对照使用。图8-10为平面分色图示例。

(3) 预备三：以施工图为依据，对典型砖墙面进行排砖图设计（图8-11）。图纸用于指导施工、工程量计算及成本核算。并且，设计师在外墙面施工前应有完整的设计交底和现场施工培训。

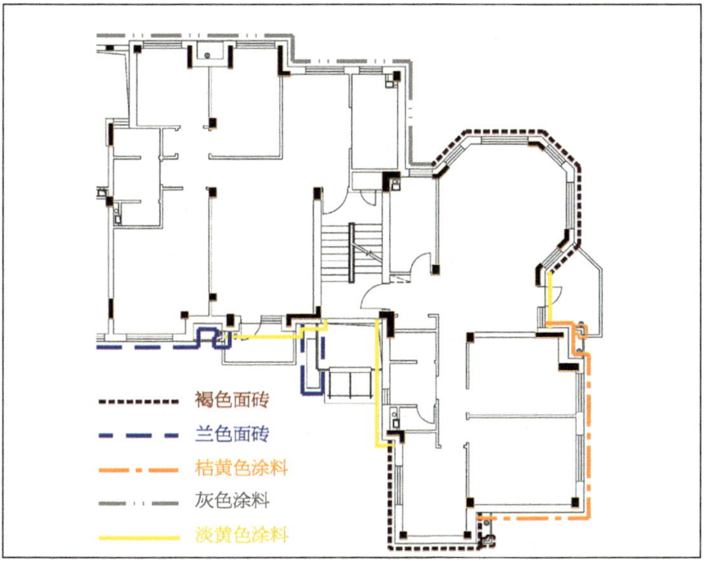

▲ 图8-10　平面分色图示例

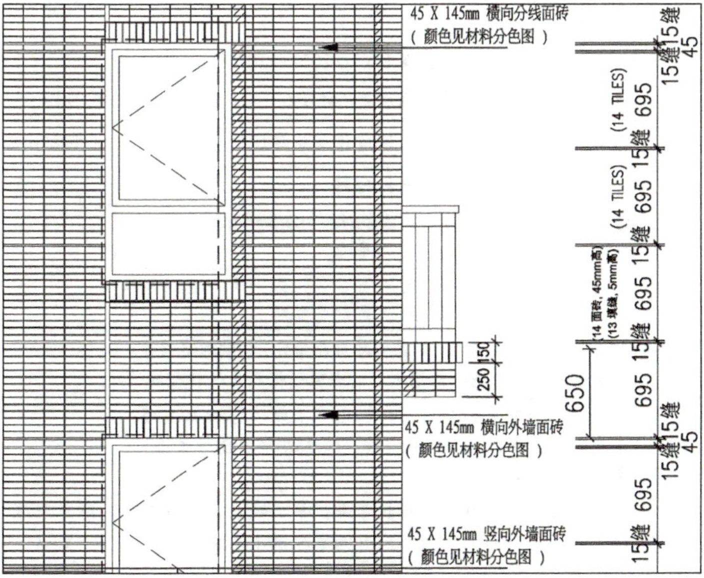

221

▲ 图8-11　立面排砖图

（二）材料验收确认工作

材料验料的主要内容有：色差、规格和数量色差。要检查进场面砖是否与材料定样色彩一致，确保色差大的面砖不得使用。并且要关注数量，检查进场面砖总数是否与合同要求数目一致等等。整体材料部分要关注很多内容，建议可以参考表8-3进行控制。

外墙面砖质量标准表   表8-3

序号	类别	量标准	检测方法	备注
1	原材料	水泥采用32.5或42.5级普通硅酸盐水泥或硅酸盐水泥，水泥应有合格证、准用证、进场抽样试验报告	GB175	沈阳、长春属于I类区 北京、天津属于II类区 上海、成都、武汉、南昌、南京、长春属于III类区 深圳、广州属于IV类区
2		砂子采用中砂或粗砂，含泥量小于3%	JGJ52	
3		面砖：吸水率：I、II区≤3%，III、IV区≤6% 抗冻性：冻融循环，I区≥50次，II区≥40次 砖表面平整方正，厚度一致，不得有缺棱、掉角和断裂等缺陷	GB/T 3810.3 GBT3810.12 GB/T 3810.2	
4		找平砂浆：在III、IV区要加水重20%的108胶		
5		外墙面砖样板件的粘结强度≥0.6MPa	JGJ110—97	
6	设计规定	外墙贴面砖的高度参照各地建设主管部门的规定	详地方标准	
7		设计部定面砖样板、墙面排砖图	图纸审核	
8		根据排砖图，水平、垂直缝宽分别控制在5～9mm和3～5mm，缝深≤3mm，也可采用平缝		
9		排砖时应达到横缝与门窗脸窗台或腰线一平，竖线与阳角、门窗框平行，门窗口阳角都是整砖		
10		非整砖排在次要部位，如窗间墙或阴角处，非整砖的尺寸应大于1/3砖长，同一面墙上不能出现一行以上的非整砖		
11		外墙阴阳角宜采用异形角砖，也可采取边缘加工成45°角相对接。如改为小于45°角，然后两砖对合形成直角，效果更好		
12		当女儿墙压顶、窗台、腰线等部位平面镶贴时，应采取顶砖压底部砖的做法，应有滴水或排水措施	节点图纸审核	

序号	类别	量标准	检测方法	备注
13	设计规定	立面砖最低一皮砖应侧压底平面砖，并低出底平面砖砖面3～5mm		
14		应设伸缩缝，竖缝设在洞口两侧或与横墙、柱对应的部位，水平缝设在洞口上下或与楼层对应处。伸缩缝两侧的面砖缝宽≥伸缩缝宽		
15	施工	施工前应先做样板，经确认后方可大面积施工		
16		施工条件：气温在0～35℃之间，否则应采取相应措施		
17		按照整面墙的面砖数量安排进货，不同墙面、不同批次分别存放。每种墙面的面砖比计算（排砖图上地计算量）多预留3%～5%，且不少于5块		
18		混凝土构件和砌体墙之间已钉好钢丝网片，宽度大于200mm		
19		补平厚度较大的凹处时应分皮补。当垂直度偏差超过20mm时，需采取钉钢丝网等技术补救措施		
20		处理过的基层大面上平整且毛糙，对表面光滑的混凝土构件应采用甩毛处理		
21		抹底层砂浆前应挂线、贴灰饼、冲筋，其间距≤2m		
22		外墙大面积抹灰时要设分格缝，用油膏嵌缝		
23		分层分遍抹底层砂浆，每层厚度≤7mm，前一层抹灰终凝后（六七成干）抹后一层。底层砂浆厚度≥20mm应采取加固措施		
24		底层砂浆表面平整度偏差4mm，立面垂直度偏差5mm。找出檐口、腰线、窗台、雨篷等的坡度和滴水。顶面排水坡度≥3%		
25		按设计要求在实体墙上排砖		
26		粘贴面砖的基层含水率宜控制在15%～25%		
27		粘结层厚度宜为4～8mm，砂浆应饱满，应有适当挤浆，挤浆随贴随擦		
28		如要求面砖拉缝镶贴时，面砖之间的水平缝宽用厘米条控制，厘米条贴在镶贴好的面砖上口		
29		勾缝应连续、平整、光滑、无裂缝和空鼓		
30		先勾水平缝，再勾竖缝，勾好后要求凹进砖表面2～3mm		
31		若横竖缝为干挤缝，或小于3mm者，应用白水泥配颜料进行擦缝处理		

在明确材料要求的情况下，我们还建议通过控制表单工具（表8-4和表8-5）进行分项、验收工序的控制。

材料进场控制表 表8-4

工程名称			合同编号		
设备材料名称	规 格	单 位	数 量	单 价	金 额

合 计

附件：□物资出库清单（或运输清单）□质量保证书 □商检证 □其他附件
　　　□出厂合格证 □厂家质检报告

供货单位意见
供货单位名称：　　　　交货人：　　　　　　　日 期

总包单位意见
总包单位名称：　　　　验收人：　　　　　　　日 期：

监理单位意见
监理单位名称：　　　　验收人：　　　　　　　日 期：

建设单位意见
建设单位名称：　　　　验收人：　　　　　　　日 期

材料（设备）进场检验报告 表8-5

材料设备名称		供货厂家		规格		供货数量	
合同编号		计划进货时间		实际进货时间			
性能指标		公司要求		实际达到水平		判定结果	

综合判定结果： 1.合格；2.不合格；3.建议特采

　　　　　检验人员：　　　　　　　日 期：

工程管理部经理批准：　　　　　　　日 期：

注：材料、设备进场在办理出入库手续后的三天内，需由现场工程人员填写检验报告，此报告作为财务付款的依据之一。

（三）施工

施工阶段贴面砖的技术措施要满足所有的材料施工工艺要求。施工单位必须遵循以下的操作流程：施工前准备（材料准备、作业面准备）——基层处理——抹底层砂浆——弹线分格——镶贴面砖——面砖勾缝、擦缝——自检整改——报验。

(1) 施工前的准备

1) 材料准备：对粘贴面砖所采用的材料按规定进行检测和复验。

2) 作业面准备：

① 提前支搭好外脚手架。

② 预留孔洞及排水管等应处理完毕，门窗框扇要固定好，铝合金门窗框塞缝符合要求，且在门窗框上粘好保护膜。

③ 墙面基层清理干净，窗台、窗套等事先砌堵好。

④ 按砖的尺寸、颜色进行选砖，并分批次存放备用。

(2) 基层处理

1) 基层剔平、凿毛、湿润、刷结合层。

2) 如果基层混凝土表面光滑，则可采用重量比1∶1的水泥细砂浆内掺水重20%的108胶（界面砂浆），喷或用扫帚将砂浆甩到墙上进行毛化处理。

3) 如基层为砖墙，应先将墙面清扫干净，再浇水湿润，然后用1∶3水泥砂浆约6mm厚刮一道，随即用木括尺刮平、木抹搓毛，终凝之后浇水养护。其他事项同混凝土基层面做法。

(3) 抹底层砂浆

1) 抹底层砂浆前，应先挂线、贴灰饼、冲筋。

2) 先抹一道掺水重10%的108胶水泥素浆，紧跟着分层、分遍抹底层1∶3的水泥砂浆。抹后用扫帚扫毛，待第一遍终凝后抹第二遍，随即用木括尺刮平、木抹搓毛，终凝后浇水养护。

(4) 弹线分格

1) 弹线分格：待基层灰六至七成干时即可按图纸要求进行分段分格弹线。

2) 排砖：根据大样图及墙面实际尺寸按要求进行横竖排砖。

(5) 镶贴面砖

1) 镶贴前，首先要将面砖清扫干净，放入净水中浸泡两小时以上（纸皮砖不用浸泡），取出待表面晾干后方可使用。

2) 镶贴面砖均为自下向上镶贴，从最下一层砖下皮的位置先稳好靠尺，以此托住第一批面砖。在面砖外皮上口拉水平通线，作为镶贴的标准。

3) 具体做法：在面砖背面宜采用1：2水泥砂浆或纯水泥浆加10%～20%的108胶素浆镶贴，厚度为4～8mm，贴上墙后用灰铲柄轻轻敲打，使之附线，再用钢片开刀调整竖缝，并用靠尺通过标准点调整平面垂直度。

(6) 面砖勾缝与擦缝

1) 勾缝前检查面砖是否粘贴牢固，并整改完毕。用铁丝清除砖缝隙中的多余砂浆，先勾水平缝，再勾垂直缝，勾完后用布或棉丝蘸稀盐酸将面砖表面擦洗干净。

2) 对于纸皮砖（陶瓷锦砖、马赛克等）的推荐做法：

① 事先根据每联规格制作一方框，除掉砖缝宽度，也就是先让纸皮石挤缝，在纸皮石背面涂上一层粘贴用水泥浆，粘贴到墙上。然后，用手工轻轻展开纸皮石，使缝隙恢复到正常宽度。歪斜不正的缝按顺序拔正、拔实。先横后竖，要通直拔，拔直为止。

② "灌砂法"：事先根据每联规格制作一方框，不挤缝，将纸皮石正面朝下放进去之后，在砖缝之间灌上细砂，再在砖的背面涂一层水泥浆，再粘贴到墙上去。

(7) 自检整改

对于完成的项目应逐一检验，发现质量通病应整改直至满足要求，并注意加强成品保护。

（四）材料交接原则

无论预期多么理想的图纸状况，在具体复杂的施工现场都会遇到这样或那样意想不到的问题，复杂的界面、细小的位置、施工的误差、后期的变化等等都会造成这些变化。这样就要求我们在提供基本完善的图纸之外，特别是对那些容易出现的问题做出及时、有效的指导。也就是我们通常所说的要在施工交底或现场指导时要明确材料交接原则。

我们要尽量避免不同材料的平面交接，在不可避免时，需以勾缝区分（图8-12）。特别是还有那些须重点关注的部位：

(1) 收口部位的处理：如压顶、顶棚。收口处理：宜采用切砖，采用窄边宽度的碎砖封口，由于防水需要，第五立面和第六立面处理手法还应略有差别。图8-13和图8-14为错误和正确的收口处理。

图8-13错误的收口处理。用整砖压边，削弱了砖的立体感。

图8-14正确的收口处理。采用窄边宽度的碎砖封口，保留砖的立体感。封口砖还可以兼做滴水之用。

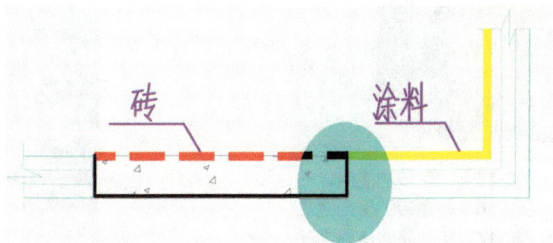

▶ 图8-12　分隔墙、挡墙的朝内面用涂料，墙的端头包进半砖

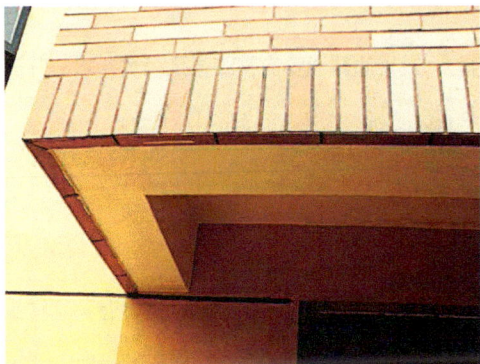

▲ 图8-13 错误的收口处理。用整砖压边，削弱了砖的立体感

▲ 图8-14 正确的收口处理。采用窄边宽度的碎砖封口，保留砖的立体感，封口砖还可以兼做滴水之用

▲ 图8-15 转角砖的使用之一
▼ 图8-16 转角砖的使用之二
▶ 图8-17 转角砖的使用之三

(2) 面砖的阳角铺贴：在进行阳角铺贴时需遵守以下原则：

1) 为保证最佳效果，通常选用转角砖，具体立面转角见图8-15。

2) 而不用转角砖时，一定要碰角，切忌平角相接。这样会直接削弱砖的体量感。见图8-16和图8-17。

3) 阳角砖切忌简单对称铺贴：这是现场铺贴时非常易犯的错误。在交接面砖的时候，一定要半砖和整砖相接。如果采用半砖与半砖相接、整砖与整砖相接的镜像铺贴方式，还容易造成"砖"的规格不统一的视觉错觉，见图8-18和图8-19。

◀ 图8-18　阳角转角铺贴案例之一
▼ 图8-19　阳角转角铺贴案例之二

229

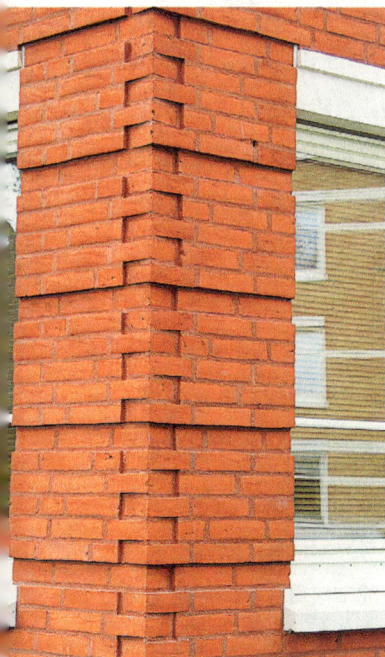

（五）质检

通过观察，检查产品合格证书、进场验收记录、性能检测报告和复验报告等等检验方法，主要可控制以下的质量内容：面砖的品种、规格、图案颜色和性能应符合设计要求。而通过检查产品合格证书、复验报告和隐蔽工程验收记录等检验方法，主要可以控制面砖粘贴工程的找平、防水、粘结和勾缝材料及施工方法均应符合国家现行产品标准、设计要求和工程技术标准的规定。

面砖粘贴必须牢固。主要的检测手段是要检查样板件粘结强度检测报告和施工记录。通过观察、用小锤轻击检查等手段，可以检查满粘法施工的面砖工程有无空鼓、裂缝的状况。

还有一般性控制项目及检侧方法。一般性控制项目的内容主要指面砖表面应平整、洁净、色泽一致，无裂痕和缺损。阴阳角处搭接方式、非整砖使用部位应符合设计要求。墙面突出物周围的饰面砖应整砖套割吻合，边缘应整齐。墙裙、贴脸突出墙面的厚度应一致。面砖接缝应平直、光滑，填嵌应连续、密实；宽度和深度应符合设计要求，以及有排水要求的部位应做滴水线（槽）。具体检验方法基本是依靠观察及用尺检查等。

在综合质检的控制下，面砖铺贴的允许偏差和检验方法应符合表8-6和表8-7的规定。

以上内容不过是对某一种常见的建筑材料的现场控制过程。由此应该可见，任何一种看似简单的建筑材料都要有详细、精确的过程管理，才能真正体现其材料的真实特性和效果，最终也能实现对建筑整体效果的把握。而这一系列实施环节由于大量涉及材料、成本、工程等跨专业搭接，在国内建筑行业分工中又多是由工程师、业主、材料供应商及成本核算等不同行业人员参与，这也使得设计师在实施过程中举步维艰，甚至话语权尽失。但是要知

面砖铺贴的允许偏差和检验方法一览表 表8-6

	项目	允许偏差(mm)	检验方法
1	立面垂直度	3	用2m垂直检测尺检查
2	表面平整度	4	用2m靠尺和塞尺检查
3	阴阳角方正	3	用直角检测尺检查
4	接缝平线度	3	拉5m线, 不足5m拉通线, 用钢直尺检查
5	接缝高低差	1	用钢直尺和塞尺检查
6	接缝宽度	1	用钢直尺检查

外墙贴面砖分项工程工序检查一览表 表8-7

序号	工序名称	检查方法	责任部门	配合部门	发现的事实情况	若不合格采取办法	签字日期
1	施工前准备	材料的检测和复验	详物料检查表	详物料检查表			
		工序样板交底	施工单位	监理单位			
		设备专业等紧前工序已施工完毕并移交	监理单位	项目部			
		监理对预留孔洞等处理过程巡视检查, 铝合金门窗框塞缝过程旁站监理	施工单位项目部	施工单位项目部			
2	基层处理	基层处理面的检查	监理单位	施工单位			
3	抹底层砂浆	分层抹灰厚度、工艺及最后平整度的检测	监理单位	施工单位			
4	弹线分格	目测检查是否满足设计要求	施工单位	监理单位			
5	镶贴面砖	工艺检查, 对重要部位旁站检查	监理单位	施工单位			
6	面砖勾缝、擦缝	工艺检查	监理单位	施工单位			
7	成品检验	采用目测或机具检查, 监理全部检查, 项目部按规范抽查, 重要部位全部检查	监理单位项目部	施工单位			

注: 本检查表所规定的是最少检查工序。除此之外应满足现场工艺的标准要求。

231

道，如果仅仅将材料置于参考图示的状态，这样的做法无异于对建筑重要的对外表现部分的某种放弃。而任何看似普通的材料运用自如的话，都会产生强大的表现力（砖的建筑艺术，图8-20）随意放弃显然是设计师责作的缺失。

通过我们对于项目工程管理手册的介绍，设计师对于现场"跨界"指导的职责明晰，以及我们前文提及的方案设计、材料技术及成本、工程组织的互动都可以有效帮助设计师实现材料的控制。同时也可以明确：完善的现场工程设计实施在现代建设环境中必须是精确、有效的。

▲ 图8-20　缤纷的砖石建筑

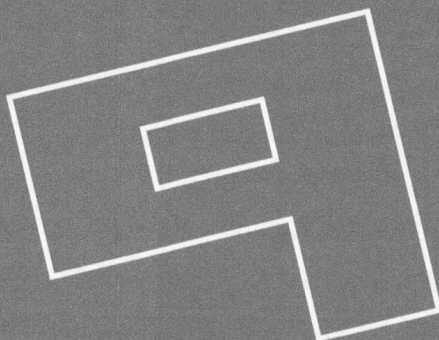

9

第九章

设计信息管理

一　设计信息管理的概念

按照当代建筑大师库哈斯的理解，远至埃及金字塔塔门的象形文字，人类就有用图形沟通的传统，而在二十一世纪的今天，图形却越来越弱化于人们的沟通之中。现代社会中，设计者和制作过程的分工细化促进了图纸在设计过程中的中心地位——如果设计师不是真正制作物品的手工艺者，那么他或者她就必须要将指示传达给那些制作者，所以图纸也就理所当然成为最普遍的交流方式。在这一过程中，客户并没有使用或购买到最终的产品，而是被传递了一个设计理念。这时，又是图纸起到了主要的表达作用。我们也通常将这些图纸分类理解为"设计表达图纸"。还有以制作为目的的"生产图纸"，是它们使我们由读文时代重新进入读图时代，是它们把我们带回到建筑中，也使它们自身最终作为一种全球化的象征，成为人们交流的共同语言。

从另一角度来讲，我们在整个创作过程中提出了如此新颖的理念，做了如此多的艰辛付出，又是如此专注于产品的设计细节，并最终完成了一个令我们比较满意的作品，那么这个过程就结束了么？当然不是。在这个社会中，除了自我价值实现的过程之外，有效的对外成果包装和信息利用也是必不可少的。所谓"酒香不怕巷子深"的年代早就随着信息化时代的到来一去不复返了。一方面，我们需要系统阐述我们的产品信息以对外宣传，使更多的人产生共鸣，并最终接受我们的创作理念。另一方面，我们也要利用我们的产品信息科学地组织、引导这个产品的实施。

234

反观我们的现状，也许是由于工作量的日益庞杂，烦琐，也许是分工或工作方法不到位，抑或是本身对这部分内容的重视程度有限，造成的直接现状就是我们在设计信息管理的过程中差异很大。有的大型设计单位在运行了某些质量管理系统——譬如ISO9000体系之后会有不少改善，有的在针对重点投标项目文件时，可能对图纸信息的展现和管理程度会强调一些。而普通的设计过程文件和信息往往就得不到应有的重视，并且在探究其原委时，还可以引经据典——设计的过程就是"要和图纸直接进行对话"。其实，这句话中所谓用图设计的定义，正是强调设计师完成这样的图纸不仅是为了同别人交流，更是将其作为个人思考过程的一个重要成果呈现出来。这个章节我们需要关注的就是基于设计信息这两个阶段表达的管理问题。

235

二 设计信息管理的体系

信息作为设计创造的基础作用不言而喻。这一点，在西方基础建筑教育领域已早被广泛论述，赫曼·赫兹伯格（Hertzberger 1991）在他的优秀著作——《建筑学课程》（Lessons for Students of Architecture）中就曾指出了获取知识和经验积累的重要性："大脑吸收和记录的每一件事都要添加到记忆里，储存的所有想法都可以成为一个无论何时出现问题你都可以参考的资料库。就像一个图书馆，让你在遇到问题时可以随时查阅。所以从本质来讲，基本上你看得越多，吸收得越多，经历得越多，你可以用来帮助自己决定采用哪种方法的参考资料就越多，你的资料库就在扩大"。下面再让我们来看看，在这样的系统理念规范之下的境外设计组织，是如何对其设计过程中信息进行分类和管理的吧。

境外设计事务所的信息管理体系

1. 文档命名

(1) 由于文件及后缀在不同语言环境中的使用程度不同，境外设计事务所在整理文件时，首先会对文件分类系统进行编码。比如可归类为图纸、信件、照片、传真、会议纪要等等，并且对应分类文件会有相应的编码处理。比如信件文件的编码为 ltr，照片类的文件为pic，而图片类文件可归为img，备忘编码为mem，计划编码为sch，传真为fax，会议纪要为min等等；当然再有新增的其他内容还可依次增加，但基本是3个字母为一个编码后缀，这样也会便于大家理解和检索。

(2) 加注日期。在对文档完成编码之后，还有一个重要的信息要素就是时间，比如某个项目设计过程中2001年5月24日发给某某先生的信，通常结合上文编码方法最终表示为010524-ltr-robinson.doc。这样一个基本的文件单位就初步形成了。

2. 每个项目上还有针对具体项目文档的目录架构

比如可以根据其作业情况分成八个大的部分，将每个部分编号固定，根据项目情况可以查找各自缺省部分的编号文件夹进行检索。

(1) 总体类文档。其中可以包含：①文档结构的目录清单；②市场报告和建议；③所有与项目相关的公共关系资料信息；④与业主的往来信件；⑤会议纪要，主要是那些与业主的会议记录；⑥预算；⑦项目前期策划及设计过程中的问题及解决意见；⑧计划及相关信息；⑨地质条件技术报告（相当于初勘/详勘报告）；⑩场地调查：场地内的现存物及周边情况的信息（相当于场地现状图），一般是指由业主提供的与项目有关的照片。

(2) 管理类文件。主要涉及的是经济数据、来往商务条款和合同等要件：①项目管理数据；②往来的通讯记录；③业主与建筑师合同；④其他顾问合同，结构、机电、水暖等其他外聘或合作顾问等；⑤费用往来记录等。

(3) 其他顾问专业文件。在专业的建筑设计事务所，还要特别记录其他专业的合作信息。应该包含总图/结构/水/电相关专业与其他事务所的信件、传真及各项专业技术信息。

(4) 专业的规范、技术标准、条例等信息的归纳与整理。

(5) 项目信息分类：关于项目各项信息的详细说明，包括相关专业图纸部分的编号，各项工作的详细指导信息，当然是各类信息中的大部头，这也是施工图文件的重要组成部分。譬如美国建筑设计事务所信息文档使用的前16个号码就是按照美国的"CSI文档系统"编号，后面的编号则是根据各项目具体需要而增加的。CSI文档系统属于美国的建筑行业标准（CSI，美国建筑/工程/建造业内的重要组织，具有技术认证资格的机构，其成员包括建筑师、承包商、工程师、业主、律师、研究机构、制造商、建筑软件商等）。

项目信息又可分为：总体说明，室外工程、场地准备、土方工程、路面铺筑、挡土墙、草坪、植被等等；混凝土现浇/预制；砖石结构/砌体；金属如结构框架、节点、地面、天花板；木与塑料；保温和防水；门窗；面层；特殊部分；设备器材；家具；特殊结构；交通系统；电气；暖通等等各类信息。

以上项目信息的内容看似冗长繁杂，但实则清晰有效。可以简单举个例子说明，比如一个学校项目的项目手册中关于防潮的章节，编号07150。首先是总体说明介绍，对于防潮系统的描述：两层的防潮做法用在什么位置？一层的防潮做法用在什么位置？生产厂家提供的数据是什么？产品质量保证、运输、储存问题、施工条件。接下来第二部分就是防潮系统可选择的厂家、材料信息。第三部分是防潮系统的施工工艺，包括检查、准备、实施、调整及清洁各个环节的详细注意事项。美国的建筑师基本依靠这套体系，全面解决了设计细节问题，可以帮助业主完成材料定版，其服务内容甚至延伸到施工管理的环节。

(6) 图纸。其中包含方案设计图纸、施工图，以及所有插入CAD图纸中的文件块。图块、图型类CAD文件也会被单独归放到一个文件夹。

(7) 招标信息。有关项目设计招标所涉及的信件、电话、日程记录等等会被单独记录。

(8) 施工管理阶段的文件。其中包含：相关信件、会议纪要、工地报告、信息请求及答复、设计变更、付款申请文件等等。

很明显，设计师的工作性质是感性的，需要个人灵光一现的直觉。设计组织工作则要以个人天分和创造力的理性基础，创造出团队所分享和支持的共有思想，而科学的信息管理系统将大大有助于组织这种共享平台。

三 关于设计信息的表达

在实际设计项目中，不同阶段、不同方式的设计信息表达往往不仅可以直接反映设计的深度，也能代表工作者的思维能力、专业精神和态度。在这一点上，很多设计工作者在意识和做法上还是颇有些差异的。我们每每看到很多设计成果的精美汇报文稿，不仅制作精美，图文考究，而且言简意赅，能恰到好处地与讲演者的节奏与氛围相匹配。但是，市场上也还有很多设计成果表达文稿，不但缺少精细的准备，甚至是直接把CAD文件转换成图纸文件了事，然后对应着设计说明文件照本宣科。

其实，但凡经历过项目设计阶段成果展示或汇报的人都清楚，目前市场有很多便捷的电子图文编译工具，可以将单纯的设计信息转换成图文并茂的形式。其中就比如POWERPOINT程序，它作为一个有效的文本展示专业工具已经越来越多地运用到我们的日常工作当中，甚至成为我们工作上必不可少的伙伴之一。那么，作为设计信息制作环节，POWERPOINT的运用仅仅是一般的机械劳动吗？或者仅仅是普通的信息整理工作吗？

那么，我们不妨尝试把时下常见的POWERPOINT的表达内容分成五个层次的水准。第一层次：你自己都不一定知道自己在讲什么的一种表达。第二层次：你自己可能知道，但听众不知道你要干什么的一种表述。第三层次：我你彼此都知道要干什么、但听众很想睡觉的一种汇报资料。第四层次：听者能全理解且敬佩之情油然而生的一种沟通表达。第五层次：手中无剑、心中有剑的一种信息传递资料。

第一种，你自己可能都不太清楚自己想讲什么的文稿一定是不合格的。主要原因往往是不清楚自己的工作目的，或者不能清晰地围绕目的组织素材。这样中心思想不明确，自然后续也谈不到什么逻辑关系，那么剩下的就是相关、不相关的资料堆砌了。比如我们经常作为茶余饭后谈资的某些混乱的电视解说工作，某位同志的解说——场上跑得明明是甲，其实他心里想的是乙，但嘴里说出来却是丙，最后观众听到后以为是丁。

第二种基本属于竹筒倒豆子的类型，应该也很难过关。值得欣慰的是信息表述的主线逻辑成立，但资料组织缺乏必要的层次，或缺乏对信息结构的把握，表达过程中很容易闷头一路向末节展开下去，或者素材过多或过少，非常不便于理解。这时候你就要问问自己，你的表述目标是否太大了？可否将问题集中？或者汇报资料的提纲结构、叙述方式需要调整。目前市面上的很多成果汇报容易处于这一标准和状态。

第三种情况是通过沟通，如果彼此都能理解此次汇报的目的，这样的表述文件必须是各级层次清晰、语言准确的。能做到如此，这应该说已经是及格了。但问题是缺少节奏和气氛变化，资料冗长不堪，很可能属于合格的"八股文"，按要求定时定量制作的。那么，针对这样的问题，我们要考虑是否可以把非重点的部分尝试简化？或者在页面的表达上，尝试更生动、更

239

扼要，抑或是微调一些篇章结构的表现形式，在适当时候增加些对总体结构的强调和回顾，以强化读者的阅读感受。

第四种能使人全面理解，甚至汇报后能对其专业水平、敬业精神产生敬佩的汇报文件是良好信息表达的典范。这样的文件重点清晰，给人留下深刻印象，并且页面组织、色彩字体等均经过整体考虑，表述过程也是生动有效、言之有物。

如果想达到第五个层次，就要追根溯源到POWERPOINT软件的根源——关键点了。优秀的文稿往往能极为简约地图示表达，并通过给讲演者以充分提示、发挥的空间，使其通过氛围的营造来表述、传递信息。

我们不妨把汇报文档组织的过程当成是难得的思维训练过程。第一步：我们要知道是谁来听你的汇报，他们对此了解多少？关注哪些问题？由此来决定汇报文件的风格、形式、繁简、专业侧重等。第二步：弄清讲述要达到的目的。比如汇报的目的仅仅是介绍一下成果，还是让别人认同你？或者是提出你的困难、请别人合作？第三步：还不要开始动手做你的文件，请用word或手写确定提纲，并与你的领导及同事讨论。切记，这一过程非常重要，很多对于议题的不同理解或阐述角度都要在这一阶段进行统一。之后，还要在提纲上分配不同部分的页数，考虑每一张的表达方式，需要寻找的素材等。第四步：由统筹人确定汇报文档的封面、底版，并明确各级页面的字体、色彩等需要统一的内容，以免其他人做无用功。第五步：制作初稿并试讲，感觉重点、时间把握等问题。第六步：页面表达调整，力求形象、生动。还有一些特别需注意的事项：比如尽量避免一张POWERPOINT文稿上全是字，这样会大大增加阅读者的识别难度，如果这样就几乎完全起不到POWERPOINT（关键点）文稿的实际作用，与其如此还不如用WORD来解决问题。

四　"工程阶段的设计信息管理案例

如果说设计过程中的信息管理，体现的是一个技术组织内部管理的系统、完善程度的话，设计完成后期的信息管理就是直接决定了外部环境对于产品的认知。由于直接涉及设计理念的被理解程度、设计图纸被利用的程度，所以这部分往往会得到各界高度关注。那么，设计之后的图纸信息会如何被利用，是否都能做到尽善尽美呢。下面我们就来关注一点——图纸在工程期间的信息利用——这可能也是我们可以提高的地方。

1."表化" ≠ "图表化"

在设计过程中，图纸毋庸置疑是处于核心位置的，设计师对于表格也并不陌生。在日常工作中设计师都会编制表格或被要求编制表格，比如针对复杂的图纸问题进行罗列并通过会议最终一一解决，比如要求编制详细的工作计划清单，再比如对方案研讨的内容做出整理等等。但是到了后期工程实施阶段，特别是针对一些工程现场需要攻坚战的工作，我们却往往忘记了这种联动的方法，其实某些问题如果能通过表格辅加图纸的方式展现，是能够事半功倍的。譬如作为一个工程场地中的某一个工作事项，牵头人使用图纸加表格的方式是最利于复杂信息被各个协作单位同步、准确认知的，同时也使图纸信息的表述更加直观、有的放矢。简而言之，我们提倡的是设计信息图表化，而不要仅仅做到问题表单化。

图9-1就是利用图纸附加事项计划的方式，在实际工程中指导某一工程实施阶段工作的案例，其直观、有效的特点是显而易见的。

(1区) 售楼处

	设计图纸		完成时间	责任人	配合工作	项目施工	完成时间	责任人	配合工作
建筑	建筑施工图		完成	×××	投标单位完成套图签工作	建筑主体	5.25	×××	
	二次设计材料定样	幕墙特型窗	完成	×××		石材施工	6.30	×××	
						石材完成	7.15	×××	
		干挂石材	完成	×××		幕墙进场	6.2	×××	
		外廊	6.1	×××		幕墙完成	7.10	×××	
		门头	6.5	×××	室内设计交接完成	外廊厂家开始加工	6.15	×××	
		立面主材	完成	×××		外廊进场	7.1	×××	
		其他材料	完成	×××		外廊完成	7.20	×××	
	现场洽商		随进度	×××		现场洽商		×××	
室内	装修施工图		5.15		二楼办公区、收款处的装修待落实	熟悉图纸	6.1	×××	
	材料、设备定样、计划、资料交接		5.30	×××		明确进场条件	6.2	×××	
	现场交底		6.2						
	饰品采买	明确采买方式、合同	6.11	×××		现场控制	7.23	×××	
		明确操作						×××	
		采买完成	7.21	×××					
		窗帘安装	7.22	×××		现场施工收尾完成			
		到场完成	7.23				7.25	×××	
	现场进度控制		随进度						
	验收、物业交接		7.24	×××		工程验收	7.24	×××	
	现场调整、开放		7.30						
其他	技术、价格、操作实施方式的落实		6.20	技术中心		现场开始实施	7.15	×××	
	现场验收		7.20	×××		现场验收	7.20	×××	

表格标题: ××项目示范区售楼处控制计划图表

版本：第一版				时间：××××—××—××							
工程	完成时间	责任人	配合工作	销售	完成时间	责任人	配合工作	成本	时间	责任人	配合工作
确认		××		确认	××			确认		××	
确定石材厂家	6.1	××						幕墙定标			××
								石材定标			××
石材到货	6.20										
外廊招投标开始	6.2	××	成本					外廊招投标完成	6.14	××	
								定标完成	6.10	××	
外廊合同	6.11										
会审图纸	5.20			现场标示设计完成							
考察确定施工单位	5.30	××			6.20	××		施工招投标完成	5.30	××	
现场交底	6.2	××		制作	7.10	××					
门头、室内楼梯部分工程洽商费用执行		××	成本	明确现场效果条件	7.23	××		配饰合同			
				现场标示设置完成	7.25	××					
施工验收	7.24	××									
				开放	8.1			结算		××	
开始佛甲草招标	6.10	××						开始佛甲草招标	6.10	××	
合同供货	6.30										

2. 如何利用图表化的工具

既然是直观的图纸佐之以表单的方式，就要明确各项工作内容和完成责任人、完成时间、完成成果标准、相互的搭接关系，并在图纸可识别的范围中明确出来，经过这样的图纸"图上画画，墙上挂挂"之后，再定期通过现场的工程会议协调、督办，必然是事半功倍，具体案例见图9-2和表9-1。

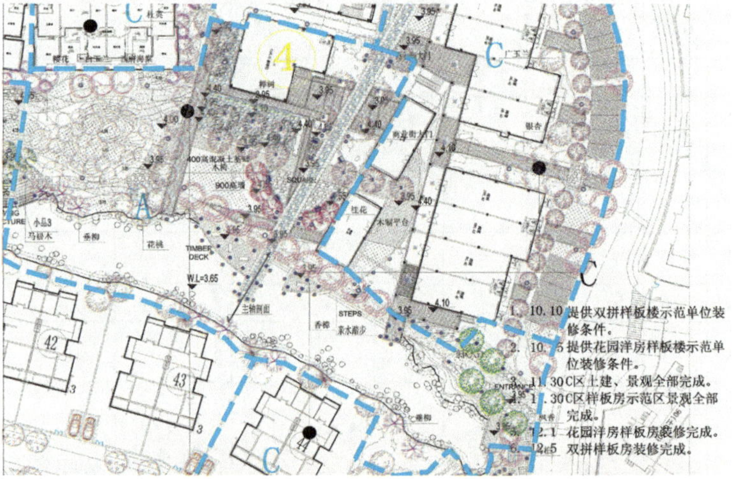
4
C
A
400高混凝土坐墙
木椅
900高墙
SQUARE
小品3
马褂木
垂柳
花桃
TIMBER
DECK
W.L=3.65
主桥剖面
STEPS
亲水踏步
香樟
桂花
木制平台
商业街入口
银杏
42
43
44
ENTRANCE
1. 10. 10 提供双拼样板楼示范单位装修条件。
2. 10. 5 提供花园洋房样板楼示范单位装修条件。
3. 11. 30 C区土建、景观全部完成。
4. 11. 30 C区样板房示范区景观全部完成。
5. 12. 1 花园洋房样板房装修完成。
6. 12. 5 双拼样板房装修完成。

◀ 图9-1 图纸+工程量的表述方式

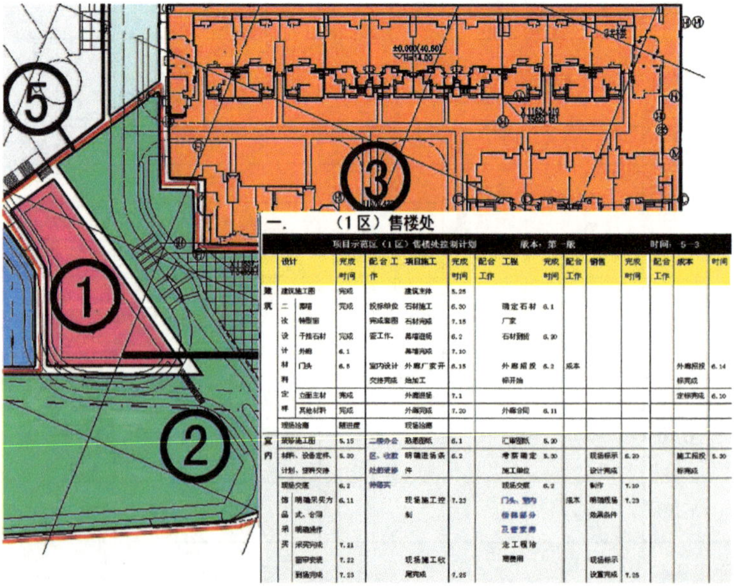
5
3
1
2

一.　（1区）售楼处

项目示范区（1区）售楼处控制计划　　版本：第一版　　时间：5—3

	设计		完成时间	配合工作	项目施工	完成时间	配合工作	工程	完成时间	配合工作	销售	完成时间	配合工作	成本	时间
建	建筑施工图		完成		建筑主体	5.25									
筑	二	幕墙	完成	投标单位	石材施工	6.30		确定石材	6.1						
	次	特型窗		完成套图	石材完成	7.15		厂家							
	设	干挂石材	完成	等工作。	幕墙进场	6.2		石材到场	6.20						
	计	外廊	6.1		幕墙完成	7.10									
	材	门头	6.5	室内设计	外廊厂家开	6.15		外廊招投	6.2	成本				外廊招投	6.14
	料			交接完成	始加工			标开始						标完成	
	定	立面主材	完成		外廊进场	7.1								定标完成	6.10
	样	其他材料	完成		外廊完成	7.20		外廊合同	6.11						
	现场洽商		随进度		现场洽商										
室	装修施工图		5.15	二层办公	熟悉图纸	6.1		汇审图纸	5.20						
内	材料、设备定样、		5.30	区、收款	明确进场条	6.2		考察确定	5.30		现场标示	6.20		施工招投	5.30
	计划、材料交接			处的装修	件			施工单位			设计完成			标完成	
	现场交底		6.2	[illegible]				现场交底	6.2		制作	7.10			
	饰	明确采买方	6.11		现场施工控	7.23		门头、室内		成本	明确现场	7.23			
	品	式、合同			制			修饰部分			效果条件				
	采	明确操作						及管家费							
	买	采买完成	7.21					走工程洽							
		窗甲安装	7.22		现场施工收			商费用			现场标示				
		到场完成	7.23		尾完成	7.25					设置完成	7.25			

◀ 图9-2 图表化的现场工程计划组织

五　市场阶段的设计信息管理案例

实际上在今天的建筑设计领域中，正是交流和传达让设计成为一种更有价值的东西。建筑大师圣地亚哥·卡拉特拉瓦（Santiago Calatrava）曾通过一个关于拉菲尔的笑话向我们解释了这一点。卡拉特拉瓦说，如果拉菲尔失去了他的两只手臂，那他可能就不会去绘画了，但是他仍然可以成为一个伟大的建筑师。可见建筑师的工具不仅仅是手，而是交流，或者说是依靠传达某些东西。在这一点上，设计信息对于市场推广方面的帮助作用可谓巨大。以下我们就讨论几个在市场阶段的设计信息展示和管理方面的问题。

245

（一）展示的设计信息应统一、直观

所有项目准备展示的信息要尽量完整、集中并应涵盖所涉及的方方面面，也就是所谓一刀切的方式，凡是切到的范围和延展内容应尽可能涉及，并避免顾此失彼，语焉不详。

对外内容由于涉及很多非专业人士，所以宜尽量图文并茂，以直观、清晰的表现形式来展示，也借此强化设计信息的感染力。请看下面的一个案例（图9-3）。这是一张海外对外销售物业的产品展示图。它虽然远不及我们国内很多项目售楼书、销售户型图单页那般的制作精美、印刷精良，也没有那些对于产品的伟大、高尚尊贵的纯粹形容词藻的堆砌，但是，它包含的内容、体现的细节却是很多上述户型展示图中所不具备的。它对于平面功能的

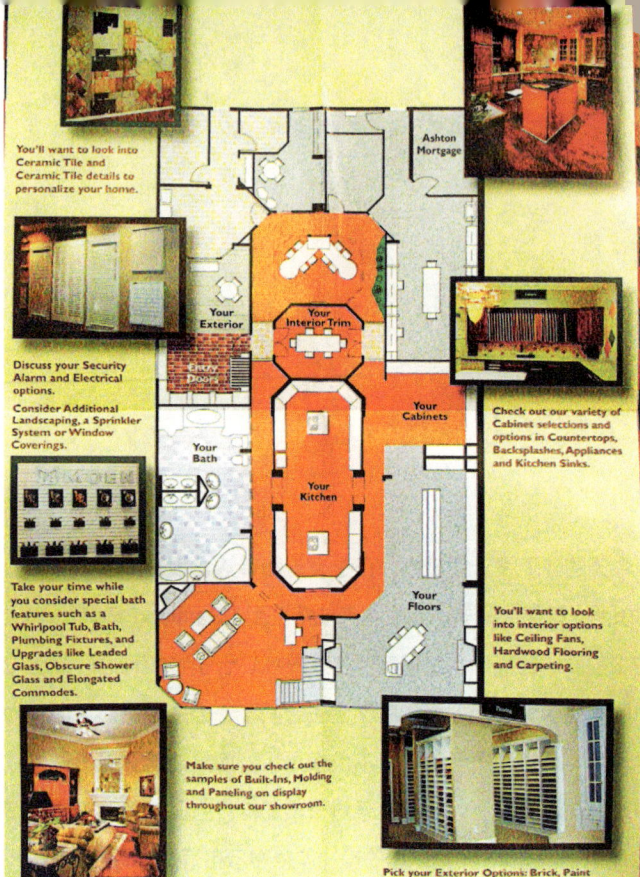

▲图9-3 产品展示图

信息展示完整、统一，各个房间的名称、家具布置都有对应的索引、文字说明，并附以不同的色彩加以区隔。还有，它非常直观，对于产品中那些需要业主进行选择的内容，对于那些专业名词标示的内容，都对应有直观的实景照片作为参照，这样既可以清晰地说明问题本身，又可以使业主对产品产生良好的第一印象。

再比如图9-4和图9-5中的建筑方案模型的情景化展示，就充分体现了其产品特征。在川流不息的博物馆主要人行通道的一侧，静静的摆放着整体建筑的意向模型，其中还镂印着建筑的平面示意图。其几何构成的形体比例得当、工艺考究，制作材质与周围建筑材料、环境高度融合。这件雕塑般的建筑微缩比例模型，风格简约而统一，宛若不经意间散落在博大的博物馆室外的一件艺术品，令人驻足流连。

▲ 图9-4 博物馆主通道

▲ 图9-5 通道一侧的意向模型

247

（二）对市场的信息展示范例——产品说明书

从某种意义上来说，图纸相对于完成的产品只是一些非常有限的信息，大家可以从一张图纸上看出最后的设计是怎样的。但遗憾的是，图纸却不能告诉我们，这个产品是如何运作的。也就是说，图纸提供了一个相当准确的外观模型，但它应该还不能保证是一个充分的性能模型。那么如何有效地从图纸信息转换成一个产品使用性能的指南呢？我们不妨与同类的消费产品的使用指引进行比较，比如，汽车的使用说明书（图9-6）。

车辆的说明书结构清晰、内容翔实，且都是以使消费者能最快掌握产品使用信息为目标。其次，针对车辆不同配置每一部分功能的展示都辅之以附图。还有就是使用手册中通常会周到地考虑到业主使用中的种种变化，会标示有建议、注意、警告等不同注脚等等。那么，如果类似的手法应用到建筑

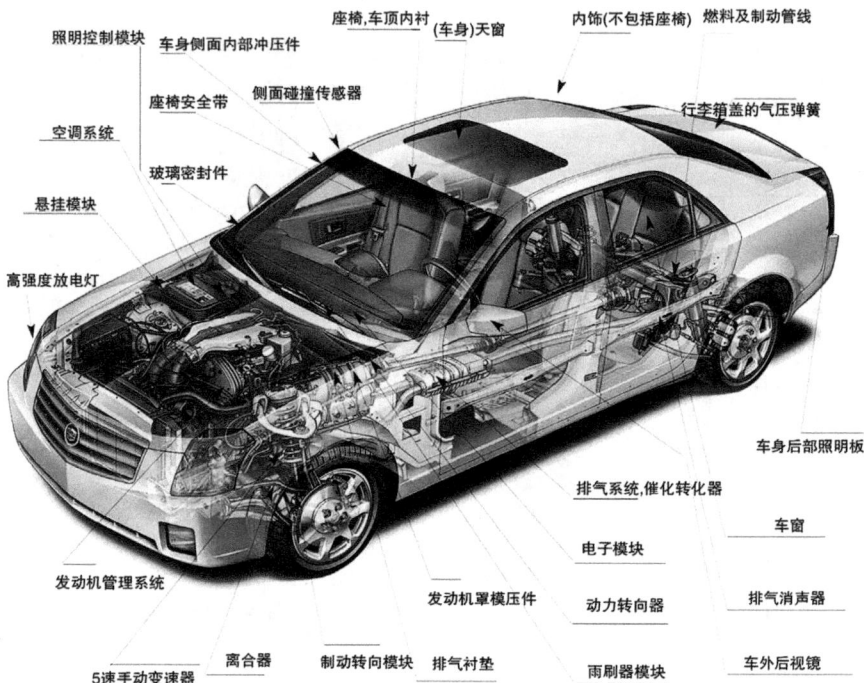

照明控制模块　车身侧面内部冲压件　座椅,车顶内衬　(车身)天窗　内饰(不包括座椅)　燃料及制动管线

座椅安全带　侧面碰撞传感器　行李箱盖的气压弹簧

空调系统

玻璃密封件

悬挂模块

高强度放电灯

车身后部照明板

排气系统,催化转化器　车窗

电子模块

发动机管理系统　发动机罩模冲压件　动力转向器　排气消声器

5速手动变速器　离合器　制动转向模块　排气衬垫　雨刷器模块　车外后视镜

▲ 图9-6　汽车构造说明书

信息管理过程中，可能会是一个什么样的成果呢。以下我们就以目前市场上最多见的某毛坯住宅产品为原型进行一下模拟。

1. 一般商品说明书的基本特质

首先作为一件商品，应完整地反映出交付产品的名称、类别、所处的地理位置、开发主体、设计及建设单位等最基本信息。并且由于产品需要业主自行装修后才能使用，所以建议尝试以三种不同的语句图标方式加以区隔。比如：建议类，这里主要是指那些如果能遵照此项作为使用指导，业主将享受到产品原有设计带来的便利。注意类，提醒业主应按照说明书要求或在此要求范围内谨慎操作。警告类，特指那些在使用过程中不得从事的行为，否则有可能引起产品的结构损坏，或导致其他难以估量的损失，甚至可能因此丧失产品的保修并承担相应法律责任的行为。

2. 目录及篇章结构要清晰易懂

针对普通住宅产品，至少要包含以下一些具体内容。

首先，是针对自身产品概况的描述。其中应包含产品经济技术参数，如面积、层高及结构形式等基本数据，还有就是该产品在小区分布朝向及毗邻建筑物的间距等内容，使得业主对其产品有一个第一时间的总体了解。

其次涉及产品的具体功能。其内容应包括功能概述、户内具体空间尺寸，要有对应平面图以及家私布置建议平面图。具体使用功能还应包含各种界面的面层做法，如室内各房间面层、栏杆、门窗以及其他配件的做法，这些都是和业主未来使用息息相关的部分。当然，涉及使用功能解析就不能离开厨房卫生间的使用介绍，比如厨房参考装修图、卫生间参考装修图。此外，还要针对未来的装修及日常使用拆改的可能，特别要就结构说明、梁体、墙体布置、电气说明等事项进行说明与图示。

除了对于自身产品的熟知外，消费者还应对自己消费产品中涉及的公共部分，也就是那些销售时已被业主分摊了面积的部分进行必要的了解。这其中就应有门厅及楼梯间的使用说明，应有基本功能的描述，比如哪里有信箱、奶箱，哪里有告示栏，一般都会有哪些信息进行展示和通告等。还有就是一些需要特别说明的技术标准，比如屋面做法说明——能否上人；比如外墙体系——安装室外空调机所要注意的事项等。当然，还少不了的一个部分就是家居智能化系统，这个部分可能和前面关于户内的弱电系统有所重叠，但其实也可以各有侧重。户内弱电系统可以更关注于室内具体产品的介绍，比如可视对讲机的使用，煤气报警的功能，有线、电话、网络的设置模式等。家居智能化体系可以偏重于物业管理说明，社区安防体系或者是与物业相衔接的公共设备装置，诸如垃圾收集的管理等方面。

最后，还要简要了解一下整体规划及室外景观的信息。比如整体规划理念的形成，整体规划形态、周边配套公共建筑、商业服务设施以及文化体育设施的情况；还有社区交通道路体系，包括大家都越来越关注的停车管理状况的介绍。同时作为社区中必不可少的组成部分，景观条件也越来越得到公众的重视，很多名贵的苗木大量开始妆点美化我们的日常生活，因此，有重点地介绍一下树种及景观材料也是理所当然的。

3. 重点部位一定要描述清晰、图文并茂

特别需要说明的是对于重点部位的关注，譬如要做到描述清晰——如何利用建议、注意、警告等词句告知，同时还能做到图文并茂呢？以下是几个这方面的案例。

(1) 厨房

厨房的管线密集，并且每一项内容都会与后期的使用密切相关，见图9-7。

1—预留燃气热水器排气孔洞，孔径120；

2—煤气立管；

3—预留洗涤槽排水排水栓；

4—成品烟道；

5—预留洗涤槽给水点；

6—预留洗涤槽热水给水点，热水管接业主自行安装的燃气热水器；

7—管道井内的雨水立管；

8—管道井内的污水立管；

9—热水管口，接业主自行安装的燃气热水器热水出水口；

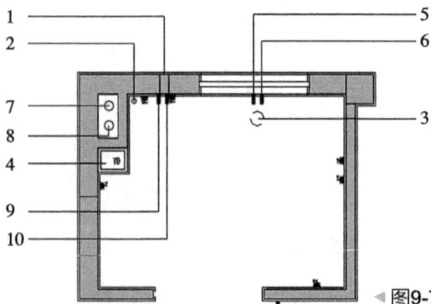

◀ 图9-7 厨房交楼平面示意图

10—给水点，可为业主自行安装的燃气热水器给水。

此外，交楼时市政直接供水、厨房各用水点做到位，所有给水点均为丝堵。图中各用电点均预埋PVC管，开关、插座为白板封堵。

建议

建议按照厨房装修图进行厨具布置及厨房装修，设备管线均据此预留，从而能最大化享受原建筑设计给您带来的便利。

注意

a. 厨房未设置地漏，使用时需注意洗涤槽的排水通畅，避免房间浸水；

b. 预埋水管在住宅产品交付时会在墙、地面予以标注，装修时需注意保护。

警告

a. 不得修改煤气立管及水平管位置，以保证煤气顺利通气，同时避免危及楼宇安全；

b. 不得破坏管道井及烟道，不得封堵管道井检修口，以避免造成检修及增加检修难度；

c. 不得改动用水功能房间外的管线，以免造成渗漏或其他危险。

(2) 卫生间

同厨房一样，卫生间也是一样需要关注的地方，见图9-8。

1—预留淋浴房地漏管洞，管径200；

2—墙面预留的浴霸排气孔洞，孔径120；

3—预留马桶孔洞，管径200；

4—预留两用地漏（洗衣机及地面），管径200；

5—台式洗脸盆预留排水孔洞，管径150；

6—预留马桶给水点；

7—淋浴热水给水点，热水管接业主自行安装的燃气热水器；

8—淋浴给水点；

9—洗脸盆热水给水点，热水管接业主自行安装的燃气热水器；

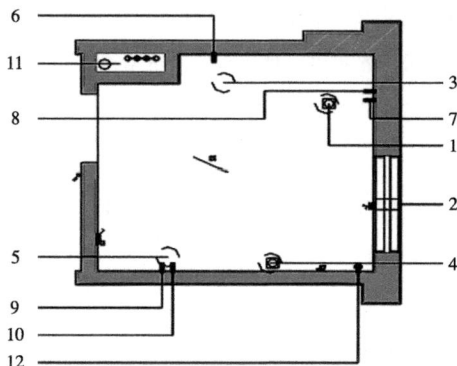

▶ 图9-8　卫生间交楼平面示意图

10—洗脸盆给水点；

11—管道井；

12—洗衣机给水点。

交楼说明：市政直接供水，各用水点做到位，燃气热水器至公共卫生间热水管敷设到位，所有给水点除洗衣机位提供给水龙头外，其他给水点均为丝堵。图中各用电点均预埋PVC管，开关、插座为白板封堵。

建议

建议按照卫生间装修图进行洁具布置及卫生间装修，设备管线均据此预留，从而能最大化享受原建筑设计给您带来的便利。

注意

a. 地面装修时面层铺贴需注意找坡方向，避免使用过程中地面积水；

b. 装修前须做闭水试验，确认原防水做法无问题后方可进行装修施工，如闭水试验未能成功，须及时通知建设单位补做防水处理；

c. 预埋水管在住宅产品交付时会在墙、地面予以标注，装修时需注意保护。

警告

装修时期间需保证对防水层不进行破坏，否则装修完成后出现渗漏问题，将造成装修面层的严重破坏。

(3) 梁体布置

面对现在家庭装修市场上越来越盛行的个性发挥，我们非常有必要告诉我们的客户，哪些墙、梁是起到承重作用的，切勿拆改；而哪些又是非承重结构，可以供使用者"自由处理"的，见图9-9。

警告

装修时不允许破坏结构梁体，包括在梁上钻孔、打钉、破坏保护层等，如因此造成墙体裂缝甚至楼宇安全问题均须承担责任。

(4) 墙体布置

图9-10为户型墙体分类平面示意图。

注意

a. 蓝色标示墙体在修改或改造前需获物业部门批准，同时需对墙体内预埋管线妥善处理。

b. 黄色标示墙体在修改或改造前需获物业部门批准，墙体改造完成后需重做地面、墙面防水，并在完成闭水试验后方可进行下一步面层施工。

253

▲ 图9-9 户型结构
梁布置平面示意图

注：1. 红色表示外露的距完成面标高2390mm高结构梁。
2. 蓝色表示外露的距完成面标高2440mm高结构梁。

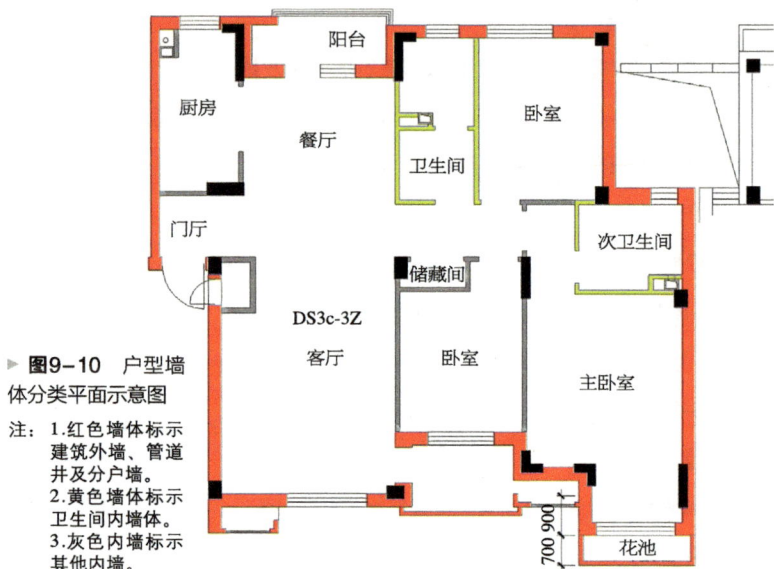

▶ **图9-10** 户型墙体分类平面示意图

注：1.红色墙体标示建筑外墙、管道井及分户墙。
2.黄色墙体标示卫生间内墙体。
3.灰色内墙标示其他内墙。

警 告

红色标示墙体不得进行任何修改及改造。

(5) 强电说明

对现代家居越来越多的家用电器设备，强电和弱电的改造也是相当容易出现的状况。因此，很有必要对于交楼时的原始电源定位做出明确。笔者自己的住房就曾出现过这样的情况，装修后的电源在使用不久出现故障，但由于是装修后的完成面，也无法查对原始电源的准确位置，这使得检修工作变得异常吃力。具体强电系统图例，见图9-11。

注：1. 图例参见下表。

2. 绿色线表示预埋天花顶板线管布置，褐色线表示预埋地面线管布置。

3. 所有插座、开关面板均安装到位，电线接通；户内灯具均安装白炽灯泡；阳台灯具天棚灯安装到位。

4. 除空调、洗衣机、热水器插座为15A容量外，其余均为10A容量插座。

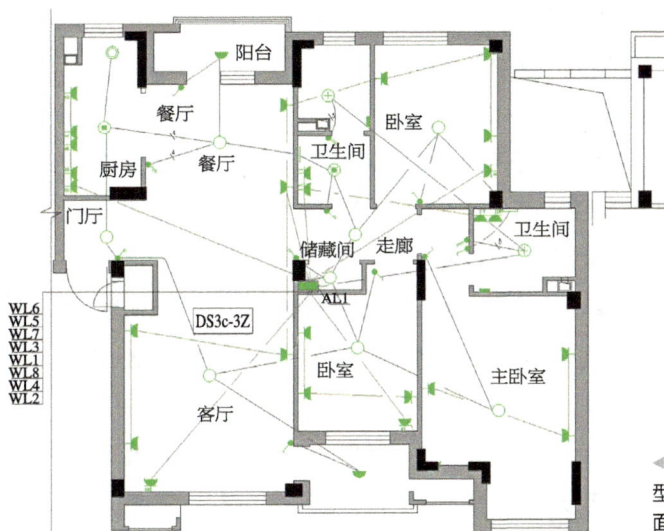

◀ 图9-11 户型强电系统平面示意图

图例

图 例	名 称	安装高度	图 例	名 称	安装高度
	电表箱	h=1.0m		抽油烟机插座	h=2.1m
	照明配电箱	h=1.6m		热水器插座	h=1.7m（卫生间为2.5m）
	声光控灯	吸顶		洗衣机插座	h=1.3m
	防水防尘灯	吸顶		冰箱插座	h=1.3m
	家庭灯	吸顶		微波炉插座	h=0.3m
	天棚灯	吸顶		消毒柜插座	h=2.1m
	镜前灯	h=1.6m		柜式空调插座	h=0.3m
	壁装座灯	门框上0.2m		挂式空调插座	h=1.8m
	暗装单极开关	h=1.3m		厨房插座	h=1.3m
	暗装双极开关	h=1.3m		暗装接地插座	h=0.3m
	暗装三极开关	h=1.3m		接地端子板	h=0.3m
	暗装单极双控开关	h=1.3m		排气扇	吸顶（距窗200mm）
	剃须插座	h=1.3m			

5. 卧室及厅内装吊灯头，厨房及卫生间采用瓷质螺口灯座吸顶安装，除壁灯外所有公用灯及阳台上的灯具采用吸顶灯具。

(6) 弱电说明，见图9-12。

以上内容偏重于对于某种信息展示形式的描述，而在这个形式的背后还有一个更为重要的线索。由于我国的商品房预售制度的规定，房屋在工程建设的某一阶段（而非一定要工程竣工）即可开始对客户进行销售。而作为销售对象的普通客户，理所当然地希望更多地了解产品信息，甚至可以说，越清晰、越多的有效信息将决定产品的市场口碑。那么，在销售推广时期——也就是工程建设的前期阶段，我们能否敢于对客户传递这么多的产品标准信息呢？这还是要取决于我们的设计技术标准前置工作、我们的材料部品及应用技术清单的成果。只有在设计过程中，方案深化与材料工艺标准并行，才可能使我们在工程建造的前期阶段能拥有相对多的产品

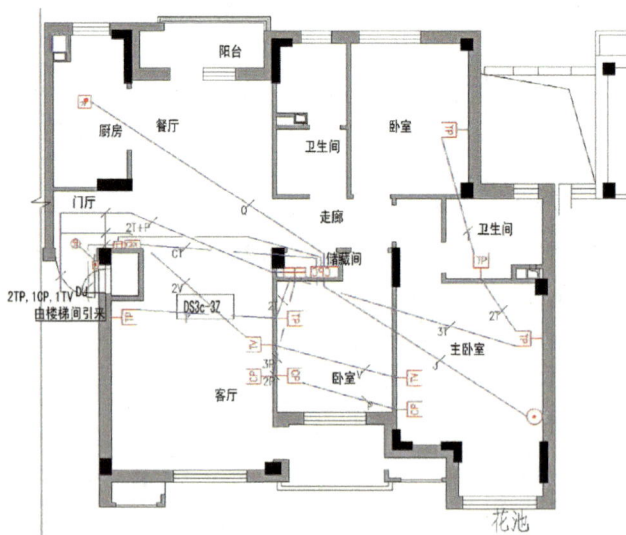

▲ 图9-12 户型弱电系统平面示意图

注：图例参见下表。

图例

符　号	名　　称	安装高度	符　号	名　　称	安装高度
	可视对讲分机	h=1.45m		网络电话箱	h=1.0m
	弱电过线箱	h=0.3m		分支器箱	h=1.0m
TV	电视终端	h=0.3m		门铃	门上角
TP	电话终端	h=0.3m	▶	门铃按钮	h=1.3m
CP	网络终端	h=0.3m	⊙	紧急按钮	h=0.3m
	户内弱电箱	h=0.3m		爆气报警探测器	吸顶
	放大器箱	h=1.0m	CPC	通讯主机	h=0.3m
	电锁	门上角	KEY	通讯键盘	h=1.3m
DJ	对讲设备箱	h=2.0m		网络电话副BAN	h=0.3m

标准，才能使产品信息的管理更为准确，最终使得正式对外传播的方式方法更为丰富、有效。

（三）信息传递场所氛围的营造

有了统一、直观的信息组织，有了可参照的范本案例，我们还需要什么呢？——一个氛围得当的信息传递场所。毋庸置疑，对于国内常见的居住或商用类建筑产品的市场阶段信息展示工作而言，持续、良好、有效的产品信息交流与其展示场所的精心营造是密不可分的。目前市场上也不乏如博物馆之恢宏、艺术馆之奇妙的销售展示中心、售楼处等场所。在此我们也不是想对此类建筑的优劣做过多评述，我们想回归这类建筑的使用本质——信息展示的功能，来探讨一下有效的信息传递与此类建筑场所氛围营造之间的关系。

1. 信息展示应是适当、巧妙的——不宜过于强调尊贵、奢华

目前市场的销售工作日益受到重视，销售场所也日趋豪华之势。高大宏伟的建筑体量，金碧辉煌的建材、艺术吊灯、高档家私陈设鳞次栉比。而穿梭其中的保安、销售人员则也一如五星级酒店服务人员般的着装、谈吐，令人应接不暇。

但是，我们相信在一个成熟的市场中，客户购买行为的做出，最终将取决于产品信息本身价值的回归。有效的信息展示应该是恰当的，对展示手法的构思应该与展示内容相匹配。也就是说，如果你的产品信息是针对某一类人群的，那么你信息展示场所内的氛围就应该围绕此类受众展开设计。显然，不是所有的产品都以尊贵、奢华为唯一目标。在那些片面一味追求高贵体验的信息展示场所，如果客户感受到了一些茫然，那么可能不是你没说清楚，而是客户无心去听。

只有这样恰当的信息交流，听众和信息接受者才能真实地被信息所吸引，信息也才能更有的放矢地展开，而信息的传递则也可以轻松自如，"不拘小节"。下面的案例就是一个建筑设计类信息的展示，图9-13，图9-14，展示图片巧妙地和地板融为一体，地面、墙面空间最大限度地得到了利用。人们漫步其间，脚下依稀还能体验到这些建筑设计作品所产生的背景与土壤。

2. 信息传递应体现时代、技术特色——不宜过于单一、程式化

21世纪是信息化的时代，现代化的信息传递当然应该更多地体现时代特色。而且现在的技术条件，比如多媒体、电脑动画等也越来越多地能为信息展示提供便利，这是值得提倡的。反观很多项目的信息展示，仍然一如既往地离不开销售沙盘（模型），户型图纸等传统信息载体，销售人员也一成不变地笑容可掬，耐心有加，这仿佛也与我们与时俱进的时代形象不甚相符。

其实笔者走访过很多境外销售物业的产品信息展示场所，其信息展示都不是大量依靠人盯人式的"热情"服务，却都少不了人性化的现代信息设备。比如图9-15，客户可以自由地操作模型上的鼠标，通过在房屋顶部的几

▲ 图9-13　通廊的地面上影印着设计信息

▲ 图9-14　墙面和地面的空间得到最大限度的利用

▲ 图9-15　客人利用多媒体电子设备了解产品信息

台放映设备，客户可以随意点击规划模型中的兴趣点，而点击位置的信息也都能在模型上清晰出现，从而使客户可以从容地在模型边自如探索，同时也创造了更多的客户兴趣，使客户在产品旁流连。

图9-17中，同样的两台电脑放映设备，一台向下投影到地面的模型上，

◀ 图9-16 静静放在一旁的电脑，影音同步，供客户慢慢欣赏户型、产品细节

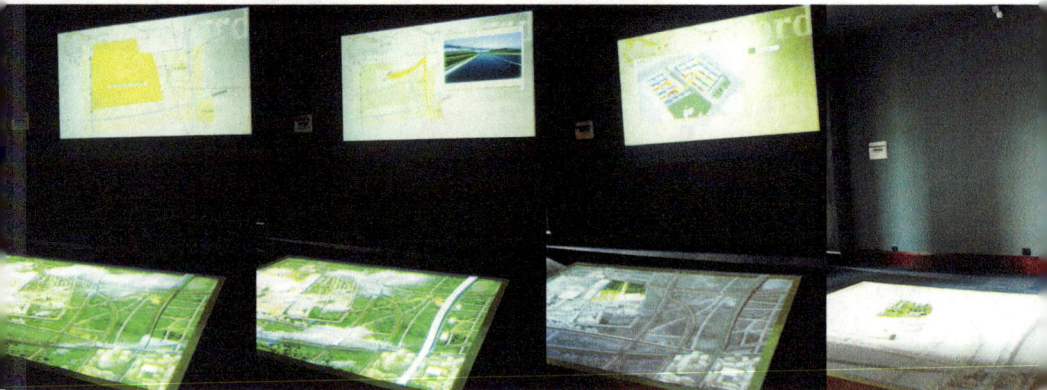

▲ 图9-17 区位介绍——区位（高速公路）交通介绍——小区信息介绍——放映完毕

一台向前投影到墙面，两台电脑同时放映产品信息，短短几分钟时间，宛若在一张白纸上展开画卷，向客户描绘着未来的美好生活。

3. 信息体验应是互动、可参与的——不宜过于强调单向宣讲

此外，目前市场上还有一种产品信息交流的方式值得关注，那就是越来越多的三维动画信息展示，仿佛一场场进口大片在放映。但是我们还是要试图回归信息传递的本质，有效的信息交流主要是强调信息接受者的感受，他是否真的有意愿去理解这些信息将决定信息传递的有效与否，而参与、互动的方式无疑是激发这些意愿的最好方法。至少这要比冰冷生硬、填鸭式的信息灌输要人性、有效，也更令人印象深刻。

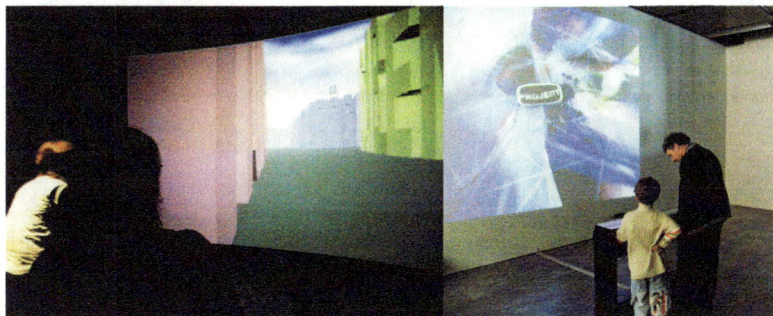

▲ 图9-18 客户可以自主的在虚拟的项目世界里畅游

▼ 图9-19 客户可以自主的在虚拟的世界里体验产品信息之一

▲ 图9-20　客户可以自主的在虚拟的世界里体验产品信息之二

▲ 图9-21　虚拟的世界的客户体验。请坐吧！通过一架摄像、录像、放映设备，你可以看到你自己在一个巴洛克式室内装潢风格的书房中的场景

　　比如图9-18～图9-21这些有趣的案例。

　　以上案例尝试着列举了一些对于设计信息的管理和利用的案例，这也只是全面的设计信息控制过程中的一些片断的展示。其实从某种角度来讲，设计过程就是一种与自我和他人沟通的过程。作为沟通的模式，我们可以尝试换位思考的方法——每一个阶段，你的每一个文件究竟是做给谁看的？如果你是他，希望通过沟通了解到一些什么信息呢？怎么做他才可以最直观、充分地理解这些信息？然后精心组织，系统地来准备它们吧。

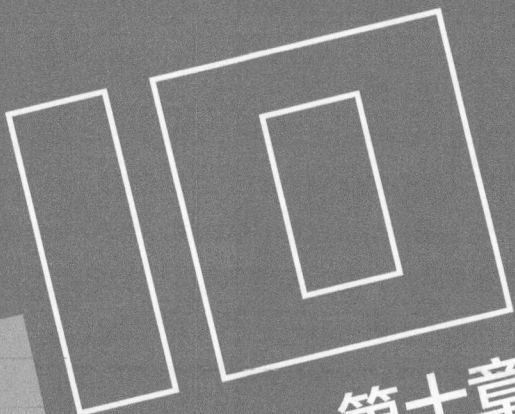

10

组织与计划管理

一　设计组织模式的比较

国内建筑设计公司经历了相当长的一个阶段的市场化发展，其组织模式也已越来越商业化。国有、民营、个人等多种建筑设计公司，包括一些明星设计师担纲的设计工作室如雨后春笋般地成立、发展起来，他们在各种类型的设计项目中承担不同阶段、不同分工的设计任务，解决完成一个又一个技术难题，实现一个又一个建筑作品。但在这样的过程中，还是有些现状会使他们感到无奈和困惑。在这期间应该承认，有很多困难是由市场的粗放和不规范造成的，在此笔者也不想对中国商业文化现状乃至社会发展过程做过多的展开，只想就几个具体问题做一下比较，因为确实从一个技术组织的内部来看，境内设计公司与境外设计组织工作模式之间差异在很多方面还是很明显的，也希望这几个小问题，能解决一些设计团队组织者抑或是设计师们的困惑，或者至少能带来一些启发。

（一）聚焦市场、科学系统管理，对应市场定位与收益

由于市场发展的变化迅猛，业务量也相应随着市场起伏不定，国内相当多的设计组织的人员在快速扩张的同时还具备相当的"灵活性"。对于设计组织的具体情况来说就是，外部无法聚焦市场，内部的分工管理无法做到科学量化。而这些组织的牵头人或者说是设计师们偏偏又是一个相对感性的人群，他们往往会很快被项目的挑战所吸引，在第一时间即激发出强烈的兴奋

点，并不由自主的投入其中而不能自拔。并且目前的中国平均人工成本相对
比较低廉（无论是技术还是非技术人员），对于一个技术组织来讲，简单地
从相对值来讲，投入与产出往往颇为划算，这一点以很多设计单位创建伊始
时的开办费用往往不高就可以为证。这样也就造成了市场经营、管理类工作
在技术组织中的地位经常容易被忽视的状况。

应该清楚地看到，作为一个创作型的个体或个人，有这样的专注度是
无可厚非的，往往也是必须的。但是，一个设计组织作为一个企业，有效盈
利才是社会赋予它的使命。如果不能使团队明确自己的市场定位，在工作伊
始就较为清晰地核算出整体工作的投入与产出，那么后续的每个阶段工作就
很难保证在收益上的有效实现，进而也就会影响每个阶段工作的成果质量。
作为现代企业管理理念诞生地的西方国家，精细化的科学管理也同样可以运
用于依靠人工创造性劳动为特质的设计组织中。这一点从在学校阶段的教育
分类之细就可见一斑，在很多国家的大学商科研究生学位课程中，对于企业
管理类课程还可以细分为针对小型创意类设计组织的商业管理和相应的大型
商业设计类的商管课程。在实际的市场运作中也是如此，他们往往有着明确
的市场定位、经营目标和与之相匹配的组织管理模式，专注于某些产品或某
些阶段的工作。在设计公司内部，高级管理者定期依靠详尽的财物报表和日
常电子信息，在经营着一家大型设计公司的状况更是司空见惯。从最终现实
效果来看，把经营一个设计组织像经营一个精细化、成熟运作的商业公司一
般，正是境外设计事务所所擅长的。

（二）明确职责分工，对应各部分、各阶段的工作内容

基本上，在中国做建筑师是件很累人的事情，各方面都要求他最好是个
全能型选手。他不仅要会做方案，用电脑，还得亲自画施工图，并且跑腿、
协调的事也越来越多，诸如冲印照片、打印图纸、装订文本之类。在跑腿之

余，他还得接洽各种电话，同时协调好手中另一个甚至多个项目的设计进度，并关注与结构、设备各专业的关系，他与自己人打完交道后再与施工队打交道，还要在业主、承包商无休止的工程例会和改图通知中周旋，所以既要专业精通，精力无穷，还要能言善辩，长袖善舞，个中滋味自不必多形容了。

相比之下，一些境外建筑师的生活及其项目运作过程是迥然不同的。差别最显著的是，美国建筑师要轻松许多。在笔者亲历的某境外设计公司承接的一个约15万m²的国内商业项目为例，最紧张的时候多达14名建筑师同时参与设计。当然，这里重要的显然不是人数，而是分工——平面、立面、防火分区、详图节点都有专人负责，协调工作则由项目建筑师来完成，到这一阶段，项目建筑师已基本不画图了，而是每天审阅来自各个分工部门的图纸，召开问题讨论会，将自己的构思特别是许多在方案时没有表达出来的想法贯彻下去。正因为分工很详细，所以每部分的工作都会很到位，而建筑师也不必每件事都亲力亲为。

（三）工作计划清晰监控，对应有效的经营或财务指标

从事设计或从事设计管理的人员，由于涉及大量的非可衡量性质的工作目标（比如及时、高效完成创意方案），而且往往是需要与他人合作来解决问题的，同时由于目标的解决过程不是简单线性的，会经常出现反复和变化，所以他不可能像流水线上的工人一样被要求对其工作数量、质量简单负责，进而其工作计划和日常工作效率似乎也很难被衡量。但越是这样，越要有一个行之有效的计划体系在组织内部能够得以运转，而且这个计划控制体系必须能够相对动态地保证最终目标的完成。否则，就会出现以下的状况：看似每个环节问题的诱因都是外部因素导致的，每个人都有非常充分的理由证明效率低下是情有可原的，但是最终受损的是集体的成果，失败的是最后目标。

▶ 图10-1 定期设计
会议组织方式

同样很多境外建筑师上班状况都很从容，工作也是有条不紊，工作状态比国内建筑师有序很多，基本上每个人都会有清晰的计划并有相应的工具进行适时跟踪记录，并且其计划内容通常是和财务部门直接挂钩的。他们的效率完全建立在一种机制之上。通常一个月的时间，当各方把一个相对完善的阶段图纸汇总起来时，一套完整的方案或者扩初设计图完成了，其细致深入程度，是我们在一个月内如何也做不到的。这才是真正的效率，是靠科学的内部管理来实现地从容不迫。

在这里我们可以假设一个国内设计行业中稍微偏激一些的例子，在一个项目设计合作之初签订的合同框架之下，项目设计进程计划总是不断调整改变，并且通常是被无边际、无原则地被延长（先把这些改变的原因暂且都归结为外部不可控制的因素），甚至工作范围也大有出入。当然，随之而来的就是项目组每个人的工作量也不断变化、增加、反复。相应的项目阶段收益分配等内容由于进展不顺利也迟迟不能兑现。对于工作量的变化，公司也迟迟无法做出精确估计，而焦虑的心态和沟通方式也使公司与甲方的商务接洽频频陷入僵局。项目组的人员也由于项目的节奏忽紧忽松而出出进进，这使得和与财务统计相关的商务工作变得更加困难。更糟糕的是项目组的人员个个效率低下，人心惶惶，对项目工作兴趣已经锐减，在公司内部大家也是谈虎色变，避而远之。由此而来的设计质量也就可想而知了。最终业主无法接受设计成果，而公司也许会对业主方抱怨说，这个项目太折腾了，原先的设计费再翻一倍也不为多——其实且慢，如果真的进行量化，再增加一倍就真的够了么？从哪里、什么阶段开始增加合适呢？答案往往也是不太清楚。

其实试想，上述案例中的某些片段不正是经常在我们的设计过程中发生或部分在发生的么？

二 设计管理与计划组织方式的差异

下面我们就依据上面的几个问题，依次看看境外设计工作组织是如何在经营方面给出的答案吧。

（一）境外设计事务所细分市场及服务范围分类介绍

以美国为例，市场上目前至少存在有一万家以上的建筑设计事务所或公司。最小的建筑设计事务所可能只有1人，最大的建筑设计公司有接近2000人。建筑设计事务所可以是合伙人制的、私人性质、专业公司、有限责任公司等多种形式，还可以是有限——合伙人制公司（如著名的SOM公司）。其中有限责任公司占大多数，无限责任的合伙人制公司很少。大部分建筑设计公司是从事单一建筑设计，如果涉及结构、设备专业设计则由开发商或设计公司牵头组成专业设计组完成，或由市场上的其他设计公司配合完成。

设计公司必须熟悉、遵守当地有关法规，如建筑物建在什么地方要符合分区规划法的规定。各州对设计公司的性质要求也不一样，有些州还有一些特殊的规定。如纽约规定，设计公司必须是合伙人制而不能是有限公司，有的州规定如果成立有限责任设计公司，其公司拥有者必须有一半以上的人持有设计执照，同时还必须有结构师、景观师等专业人员。再比如新泽西州则规定有限责任设计公司拥有者必须100%拥有设计执照。如果一个人已经申请拿到建筑师执照，他就可以申请注册建筑师事务所。美国允许个人承接任务，因此在成立了一个公司以后，即使1人也可以设计，承接任务范围没有限制，承接任务时需签订合同，技术文件须有注册人员签字。

其实，对于我们来说，经常能接触到的外国建筑师事务所的持业组织方式主要有两类，第一类是以某个明星建筑师主持的事务所，包括那些我们耳熟能详的大师级别的人物，其作品和理论往往比较前卫甚至具有实验性。虽然建筑设计是一项社会性的工作，但在明星建筑师耀眼的光芒下，团队作用相对低调淡化。由于事务所品牌是高度依靠个人魅力，明星建筑师的创作经历就起到了至关重要的作用，但是同时，这种模式也可能相对缺少长期发展及延续的可能。另一类则是合伙人制的公司，他们往往是有共同志向、有相近建筑设计准则、互相信任的建筑师联合创业。事务所通常会以合伙人的姓氏命名，共同享用资源和成果并承担责任。

从建筑设计服务的范围上面讲，境外事务所的经营策略也有比较大的区别，同时也非常明确、聚焦，简要归纳如下：

第一类：综合性大型设计公司。主要像SOM、KPF等等，规模至少在数百人以上。专业领域包括：前期战略性策划/建筑设计/室内设计/旧建筑保护与更新设计/建筑施工管理/成本预算/结构设计/总图设计/灯光设计/标示广告设计等。设计阶段涵盖：前期策划/规划设计/方案设计/扩初设计/施工图设计/施工现场建筑管理等几乎所有建筑设计相关领域。

第二类：方案性的设计公司。也就是我们指的明星型建筑师事务所，主要像法国的建筑大师让·努韦尔（Jean Nouvel，2008年度普利斯特奖the

269

▲ 图10-2　大师建筑设计事务所

Pulitzer Prizes 得主。该奖项是1979年由凯悦基金会设立的，被认为是建筑界最具声望的奖励，人称"建筑界的诺贝尔奖。"）、美国的建筑大师斯蒂文·霍尔（Steven Holl），日本的建筑大师安藤忠雄（Ando Tadao）等等，其设计事务所人员组成精干，规模往往不足百人。专业领域主要是建筑设计；设计阶段主要涉及：规划设计/方案设计/配合扩初及以后续阶段。

此外，从公司的规模上也可分为：

第一类：大型建筑设计公司。规模在100～200人左右。主要涉及专业：建筑设计/室内设计/规范说明和审查/设计说明撰写。设计阶段则以扩初设计/施工图设计/施工现场建筑管理为主。同时又因为他们比较了解地方的规划和法规，并兼顾具备建筑法规分析和撰写技术说明的能力，所以他们也经常主要配合前两类设计团队完成扩初设计之后的设计深化工作。

第二类：中小型建筑师事务所，通常他们具备在建筑某个领域中的专业特长，例如旧建筑改造和翻新设计等，或者专注于某类设计项目的市场，人数基本控制在几十人左右，小巧而精干，灵活而专注。这也是在市场上数量最多的公司，约占到设计公司总数量的80%以上。

国外设计行业中的结构、水电暖等专业设计分工明确，专业性很强，一般均有专业的公司。在这类性质的公司里也分为专家型的专业公司（national engineer），还有就是地方性的公司（local engineer)，前者主要关注和负责特殊项目或专业项目的配套专业设计，如医疗建筑的设备系统专业，大型公建的结构专业和厨房专业设计等等；后者则可以配合建筑设计事务所承接扩初设计以后的各个专项专业配合设计工作。

综上所述，如果你想选择境外大师级别的设计师，你就必须要了解一些，特别是以上的对于国外建筑事务所市场的普及型知识。最好还能精通一些明星设计师或设计事务所的所长所短，以及更多的个人及团队信息，最终力争取其所长，为我所用。因为他们虽然不能说是良莠不齐，但却在不同的项目上优劣明确。他们的整体特点就是充分原创，把握整体成果的能力强，把握技术实施过程能力强，方案沟通中的说服力强，但相对于国内收费昂贵、设计周期长、交流不易。也就是说，一旦您决定选择境外设计公司，就应充分尊重其在设计创意上的原则，以及在工作方式和具体材料选择上的执著，并在设计组织上考虑充分交流，避免由于所谓的项目开发需要，而无谓地强行压制设计时间，最终带来成本增加或成果深度不够的情况。开个玩笑，如果您有意邀请大师安藤忠雄，却又盘算着要他以较低的价格，在极短的时间内提供一个你所要求的或者是某位政府领导喜好的充满面砖、色彩涂料的什么方案，那么笔者还是劝您赶紧另请高明，尽快忘了这件事吧。当然这是一个不恰当的比喻，因为安藤大师实在是太知名了，特点也太鲜明了。但是以国内项目拓展的机会，以及设计市场对外合作的趋势，谁又知道我们不会再请到什么佐藤事务所或者是本藤事务所的什么设计师呢？

（二）设计师职责与分工的异同

　　某些评论人可能会继续将设计描述为超级天才的个人产品，但是这种情况肯定是不正确的。因为我们对创造力的研究证明，只有相对很少的人群具有高度的创造力。但是日复一日的设计实践更多是一种团体行为，即使是最具天赋和创造力的个人也应该对那些通过工作将设计意图实现的人报以感激。巴尼斯·沃里斯（Barnes Wallis）对这一点有非常肯定的描述："好的设计完全是个体思维的事情，这点可能对某些人和项目是正确的，但是有一点不可否认，群体和个人的组合应该是更充满力量的"。

　　在现代商业环境中的大型综合境外事务所，事务所中的人员的座位甚至可能是不固定的，换一个项目可能就会移动座位，项目团队是一个灵活的组织。因为大型境外事务所的建筑服务包括从方案设计到施工管理及后评估，所以在它的团队里通常包含以下几种角色，架构可参见图10-3。

　　• 总负责（principal in charge）。向公司管理者进行工作汇报，总揽管

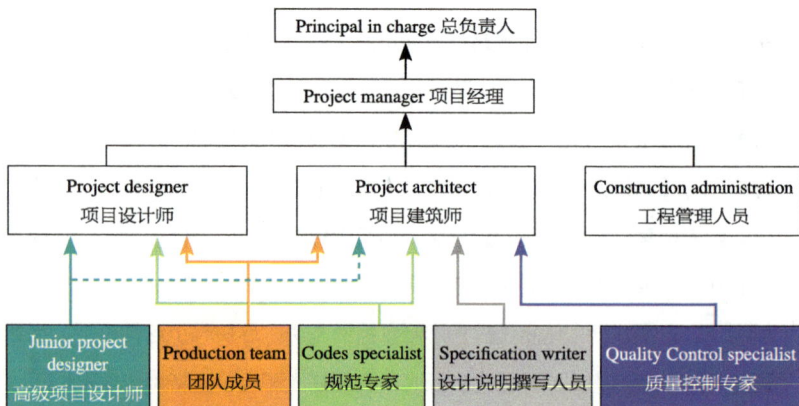

▲ 图10-3　项目团队构成表

理客户关系，监督合同谈判、客户管理及市场推广计划，并为项目经理提供支持。

• 项目经理（project manager），项目负责人，向总负责人进行工作汇报，确保项目成功、客户满意及项目受益，确保项目的成功、客户的满意、财务上的盈利。管理日常与业主的沟通，商务沟通乃至合同谈判。深化项目工作计划，其中包括时间计划和预算。确保项目开展需要的人员和资源的计划执行。确保项目工作正常的开展，在适当的时候检查工作范围和要求增加的附加的服务。审核和确认为业主和顾问公司提供的发票等等。

特别需要注意的是，以上两个角色对于设计项目的日后进展异常重要。总负责人、项目经理虽然不一定直接提供设计图纸，但他们对于内外各个环节的协调、沟通能力会对设计进程的顺利与否起到决定性的作用。特别是那些大型的商务建筑设计事务所，他们往往还没有充分理解国内设计环境的状况，在国内也没有合适的分支机构。试想，如果某个项目的项目经理完全没有换位思考的意识，沟通能力不强，甚至交流上的语言都不太过关，那么在该公司每年几百个设计项目中，如何指望他来为这个项目协调调配资源、发挥设计师的优势、保证双方的成果和解决、控制问题呢？现在国内在工程领域、承接大型项目时都会指明要求考核工程项目经理的经验与能力，而对应的项目经理往往也是全国劳动模范级别的人物。同样道理，在选择境外设计公司时，项目经理的能力应作为重要的考量标准，因为他们会完成境外设计公司对于项目设计管理运营的信心输入。在某种程度上，对设计理念的理解和实施过程中的信心是项目成功的关键。

项目设计师（project designer），负责方案阶段工作（方案阶段与施工图阶段需要的能力各有侧重，因此建筑师也分成两类）。他们负责完成或审核相应的项目概念设计，组织开展方案阶段设计工作；确保在方案设计阶段的内外计划执行和成本预算的控制，确保方案设计阶段的规范，负责在方案设计阶段与顾问公司的沟通。在扩初和施工图设计阶段，他们会配合项目建筑师完成工作，协助项目建筑师完善扩初及施工图阶段细部设计。在现场施工阶段，配合现场建筑管理人员协助施工现场工作，指导和分派任务给助理项目设计师。他们向项目经理进行工作汇报，确保项目设计的成功。

助理项目设计师（junior project designer），他们通常是向项目设计师进行工作汇报。专业可以是设计师，也可以是室内设计师，有时在大项目中还承担一定的施工图绘图工作，并需向项目建筑师进行工作汇报，并被要求在项目设计师的引导下开展工作。

项目建筑师（project architect），同项目经理沟通。负责扩初及施工图阶段工作，按时完成图纸及成本的预算，给绘图人员分派工作和主持日常工作会议，同时协调项目设计师、图纸、说明书及其他相关顾问公司，向项目经理进行工作汇报。因为到施工图阶段参与的人员较多，需要项目建筑师具有更强的管理协调能力，同时需要关注和解决更多的专业问题。和国内设计院不同，境外不同专业就是不同的顾问公司，建筑师要协调外部的多家顾问公司，其高效率工作必需要有清晰的作业流程和详细的成果要求作支持。项目建筑师负责展开扩初设计和施工图设计阶段的工作，负责日常控制扩初设计和施工图设计阶段的计划和成本审核，领导并分配任务给绘图员，组织日常的会议等等。在扩初设计和施工图设计阶段与项目设计师合作，并负责扩初设计和施工图设计阶段的规范和法规完备，及时检查工作的技术问题，并指导完成图纸的详细说明。

绘图员（drafing person），按照设计意图完成最终成果，通常是图纸。在方案阶段向项目设计师进行工作汇报；扩初及施工图阶段向项目建筑师进行工作汇报。绘图员通常可分三级：D1是能独立工作的，基本不需要监督；D2需在项目建筑师或D1的指导下工作；D3因为其缺乏经验，常常是实习的学生，是必须在直接的引导和监督下工作，

以上几类人员应该是国内比较熟悉的项目设计师的角色，可以看到境外设计公司各个角色的人员分工是非常明确的。设计组织过程是由项目组的

核心人物、项目设计的主创人员负责统筹规划的。而项目组的其他支持成员各司其职，包括成果后期制作也会由3d模型组根据具体的工作成果要求开展。特别需要考虑的是，针对国内很多项目"政府报批报审"或"专家审议方案"的环节，境外设计的优势并不明显甚至说是很难真正适应。设计者的职责就是要根据完善的创意来提供精确的立面及细节设计方案，而不是频繁提供给某位领导、几位专家看上几眼，即品头论足一番的效果图。对于国内报建配合提供建筑效果图的"常规做法"，设计公司仍然会进行系统审核规划、单体的合理性，之后根据建筑立面构思，由建筑师深化立面设计，最后再是3d模型组后期制作等等。虽然如此提供的成果具有一定的表现力和说服力，但由此也会带来周期长、费用高等问题。所以如果这样的成果仅仅是想摸一摸某位领导的脾气或者是想法的话，我们还是建议采用由境外设计公司提供一些立面示意，由国内效果图公司进行后期制作，境外设计公司审核的方式，以求降低成本的同时缩短设计周期。

此外，在境外设计工作的职责中，还有一些我们不太熟悉的工作，其中就有（施工图）说明书撰写人（specification writer），这是在境外建筑设计事务所中与中国有差异的角色，其主要工作是协调图纸和撰写设计说明，同时需要进行材料及产品的研究，帮助项目建筑师进行材料和技术系统的选择，并确保说明的准确性，其实也就是建筑产品标准的制定者。他们在方案阶段即参与项目，向项目建筑师进行工作汇报，配合项目建筑师完成项目图纸和说明工作。他们会准确地根据项目建筑师提供的信息完成项目详细说明，自始至终配合项目建筑师的需求。特别需要说明的是，由于方案前期设计就涉及技术应用、材料作法研究等内容，所以设计一开始就应该开始设计说明的工作。

规范专家（codes specialist），提供与项目相关的规范目录，解答规范的问题，并当项目组需要的时候开展专题研究有关规范法规的内容。他们负责与立法机构协调，配合向规范编制的机关咨询和沟通，并在项目施工阶段提供规范技术支持。他们提供关于规范法规的总结,确保项目的开展,在方案阶段向项目设计师进行工作协作,在扩初及施工图阶段向项目建筑师进行工作汇报,在施工阶段则配合现场建筑施工管理人员确保规范的合理和正确性。

质量控制专家(quality control specialist),向项目建筑师进行工作沟通,协助项目建筑师进行审图工作,协调项目建筑师检查图纸,确保大部分的设计质量达到要求。通常该类人员可以不属于图纸制作组的人员。

施工管理人员(construction administrator),向项目经理进行工作汇报,管理施工现场,协调相关顾问公司,管理时间及项目预算实施,协助项目设计师实现设计意图,从项目建筑师处获取相关信息。这在施工现场管理一章已经有所描述,这项内容一般在中国的设计院是没有的。

从架构上看,境外事务所内部专业分工是充分而精细的。为了保证图纸质量并且要开展材料、技术、部品研究,在境外设计事务所,部分人的工作相对固定,这部分人形成了一个稳定的技术支持平台,比如质量控制专家,他们也承接外部的审图工作,比如说明书撰写人及规范专家。他们的工作非常类似于某些大型国内设计单位或开发商设计系统内正在建设与完善的技术后台。

(三)计划的形成、管理与拆分

在管理上,很多境外事务所的计划管理是单独的一项。该计划编制有明确的指导原则,并要求在设计工作开始之前要全部明确,计划对外要充分与业主沟通并及时存档,对内则要提供给合伙人与管理层,并且要可供随时审查和设计团队所有人共享。

此外,对于项目计划的质量管理他们通常会关注如下信息:项目的规模和预算概要;项目的明确目标,包括业主和设计团队的目标;关键的里程碑节点，特别是那些需要双方正式文件往来、签收的关键点。如果项目是需要多方协作配合的，那么对于所有的外围信息都要高度关注，比如决策者、其他设计过程涉及的团队、成本、开发环节、内部审查机构、外部监察机构等等，这些都是项目计划能否有效实施的关键。另外特别要强调，为配合项目计划的准确有效性，项目资料必须及时更新，通常的频率是至少每两周一次。这其实已经和我们通常意义上的周例会，或者月度工作计划制度很接近了。

1. 计划基本编制原则

计划是按单位工作时间的人均产值来核算的，也就是说，从项目开始到合同洽谈阶段，设计公司会综合根据业主期望的工作成果要求，考虑需要安排多少人、安排哪些人、不同的人分别要用多少时间，然后根据平均每小时收费计算出总工作费用，再加上利润、税费、差旅费用、杂费得出总报价。各级人员收费标准均以小时计，级别越高收费越高，某些级别的项目合伙人作为主要设计人取费最高，当然参与的时间也会较少，比如只会参与设计的一些关键创作阶段或者是出席一些关键的会议——方案汇报、评审会等。其次是项目主设，取费也可达到几百美元/每小时。这样，完整的框架设计计划也就随着项目合同的落实，对应到个人的计划当中了。而工作时间将成为他们统计工作量的基本依据，也是其内部产值核算的基础。

需要注意的是，对于那些关注于成本控制的业主来说，设计管理工作的关键就是要与境外公司具体量化设计成果内容以及差旅次数等花费科目，并最终在可接受的费用范围内达成委托设计的目的。然而，设计公司是根据每个项目的时间累计计算内部成本的。故而在长距离操作且并不熟悉国内国情的状况下，甲方的任何指令，无论有效或无效的意见，他们都会花费时间去研究和工作，并最后汇拢到甲方的收费要求当中去。因为项目特点的不同，我们无法非常标准地界定哪种取费的方法是最优的。但是，提前明确内、外部限制条件，尽量想清楚自己想要什么，并把准确的意图传递到位，同时细化设计取费标准，将有助于我们控制设计质量，同时也可以提高设计人员的工作积极性。

2. 计划的过程管理

既然工作量按时间计算，那么每个人花了多少时间，相应达到什么进度和成果，也会有一个基本要求了，这就是计划的过程管理。

基本上来讲，美国建筑师的工作比较讲究有效时间的利用。建筑师按照自己实际在每个项目中花费的时间状况，如实填写工作时间成果表，这个表单会自动记录到电脑系统里。之后，这个表单会流转到人事部门，人事部门的主要职责是负责审查每个人的项目工作归口状况，也就是说是否有项目设计人与项目不对应的状况，是否有在项目之间进行人员变化的情况等等，其实在项目的攻坚阶段临时调整人力配置是很常见的情况，关键还有有效控制。而再之后，清单就会转至财务部门，财务部门会形成项目财务汇总表以显示项目阶段性的收支情况。当然，这同时也是对个人的收支情况、公司整体投入产出情况的一种统计。因为是按工作时间计算费用的，那么，每个阶段每人花多少时间就需要有控制。对于那些来自内外部的调整和修改意见，如果能在总工作时间控制内完成，或尽量避免超时，这样问题就不大。但是，如果总是在超时，并且总是超得很多就有问题。而在公司内部，如果总不能达到预期目标，项目负责人就需要提醒具体人员（因为这直接涉及进度的完成和项目的成本控制），而具体人员则需要尽量提高工作效率以达到预期要求，并继续如实地将工作时间加以记录。同时顺便说明一下，刚才提到的系统会自动汇总到项目成本里，包括每个人的打印都有相应记录并统计到各项目的费用之中。而每个项目的每阶段工作都有一个独立的工作编号，各种统计即按此号进行。

财务还会综合几个项目的情况，形成一份类似财务报表的报告，定期供公司老板审阅。如果财务状况总是维持正像曲线，那就证明目前设计进程基本正常（当然，方案、技术工作仍会按技术分工由各级设计主管、创意总监负责）。而如果总是出现不理想的状况，同时项目上还占用着大量重要的人力物力，这样就会发现对应的问题，需要做出调整。这种方式比较有利于合理调配人手和资源、控制项目进度、提高工作效率，还可以控制加班。

3. 计划的有效拆分

对于一个具体的项目技术组织工作（如果不对应财务指标），仅就计划本身的技术层面，如何来进行组织目标的层层分解，并最终一一与具体的个人绩效目标和工作目标相对应呢？

其实，项目计划拆分工作本身就是一个动态的、不断更新、需要适时调整的计划。项目拆分计划的完成，主要目的在于确定个人工作量、形成计划评估体系。项目各项设计工作的进展要直接体现本周工作的总结、体会和评估，以及下周工作计划的明确和变更（图10-4）。

(1) 首先，要确定整体项目的输入信息、输出要求、时间资源及人力资源，也就是通常说的，在工作之初，我们要知道我们所具备的边界资源。这一步的明确也就完成了工作中的战略决策向战术布置的初步转化。

(2) 其次，确定组成项目的事件之间的逻辑关系，编制计划的辅助工具

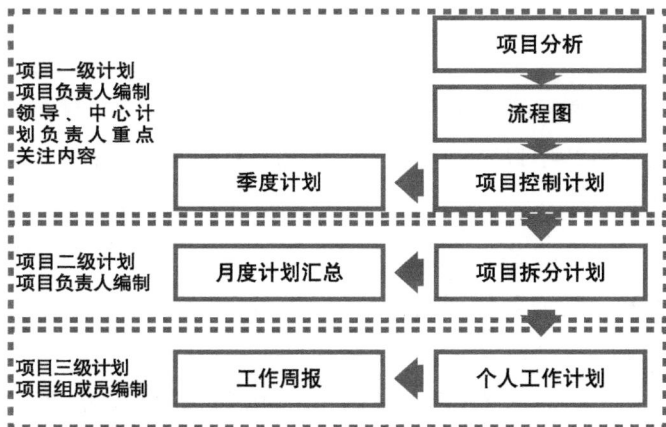

▲ 图10-4　计划拆分示意图

和中间过程文件。之后确认所有计划的母表，并要求各级计划与分级时间维度相匹配。还要落实项目的分拆子项、重要节点、时间控制、人员安排和配合要求。

(3) 项目控制计划的分步内容，分为项目季度计划和个人季度计划。明确项目及个人季度工作重点和工作方向。项目拆分计划重点在于所有事件的拆解和明确。事件的明确因素需包括责任人、工作时间（开始和完成）、前提条件、确认人、配合人和成果要求等等。

综上所述，要组建一个高效的群体，最重要的一个因素就是发展群体标准。这些标准可能包括着装习惯、讲话、公共行为，它们都可以形成一种力量，形成一种向群体聚拢的表象，最终可以促进群体中的利益全部贡献给创造性的作品。

三　境外设计的合约与费用管理

既然涉及人员组织管理、计划体系保障，就一定会牵涉到双方合作的合同与费用。以下我们就境外公司的设计合约以及相关的费用情况做简要的介绍。

（一）设计费的计算方式

在美国，设计收费由市场决定。美国政府司法部反托拉斯机构负责监察设计收费，政府和行业组织没有设计收费标准，完全由市场确定。20年前，

AIA（美国建筑师学会）曾公布了一个收费价格标准，后来也被中止。这里也主要有两种常用的确定设计服务费用的计算方法：

1. 建筑师根据标准的各个专业分配比例原则确定费用——自上而下的方法。这个方式的优点：

(1) 对于内部成本低和工程造价比较高的项目，可以使设计效益最大。

(2) 对其他的专业有明确的标准。这主要是因为在美国各个专业之间大部分采用总包与顾问的组织形式，设计费用需要二次分配。

(3) 可随着项目复杂程度和工作量比例的变化随时调整设计费用。例如结构占主导的超高层项目、大型公建项目等特殊类的建筑项目等等。

当然这个方式也存在一些缺点：

(1) 这种确定费用的方式基本完全依靠经验判断，后期不是非常灵活。经常发生完成招标和全部设计之后，项目工程造价调整，但是设计费用无法随之调整。

(2) 传统的取费标准比例无法与实际项目发生的成本完全一致，从而有时候出现工作量与费用不符的情况。

2. 根据实际发生的人力成本和办公等费用确定总体费用的方法——自下而上的方法（即在一定最大限值内的人力成本/小时的计费）。这个方法将根据人员的薪水、管理费率、合作方费用和利润率确定项目的预算。其优点在于：

(1) 对于项目运作来讲，非常具备控制、调整资源和人员的灵活性和优势。

(2) 固定费用不会因为工程量的变动而调整，费用能够保证。

它的缺点在于：

(1) 这种方法将可能会暗示建筑师——价值仅仅等于工作时间，建筑师如果出现心理落差或积极性的变化则有可能使设计成果流于平庸（当然也应该是基本完善的成果）。因此我们也可以武断地概括：这类方式可能不适合于创新型的项目。

(2) 如果是大型需要多家公司或配套专业协作的项目，其他配套专业的费用是否按照统一标准执行，也将成为一个问题。

（二）如何定义设计服务范围和明确取费标准

美国设计单位在确定合适的费用标准的时候，首要的依据是根据业主期望和需求来确定工作范围，这通常需要考虑如下几点：

(1) 业主的目标和需要提供的建筑设计服务。

(2) 详细的任务和描述最终成果的标准。

(3) 关键点的审查和里程碑的确定。

(4) 项目计划，任务/分期时间。

(5) 对于业主、其他配套专业的要求和服务范围的信息收集整理。

(6) 对于设计公司自身无法控制的变化和事件的补偿。

(7) 对于可能增加或减少服务科目的描述和定义。

这些内容在我们的设计任务书中也需要特别关注。

此外，设计费具体每个阶段的取费比例应和国内的阶段划分的方式基本相同，都是由方案、深化、施工图、后期服务等几个部分组成。但是相对来讲，不同的项目类型，规划、建筑、室内的阶段取费的比例会有比较明显的差异。美国市场每个设计阶段的收费比例见表10-1～表10-3。同时，从表中也可看出，对于每个阶段工作的定义和成果内容的要求也是非常详细的。

（三）如何明确每个项目商务运作的风险

设计的风险取决于项目失控的程度。在确定合理的项目设计费用的时候，我们还必须充分预计在设计提供服务的过程中可能发生的风险。在谈判因为风险而造成费用的时候，我们的目标就是希望最大限度地减少可能会发

Architectural Project 建筑设计项目的阶段取费表 表10-1

Time for each phase varies with each project

Marketing Selection

Research | RFP | Shortlist | Interview

Client Satisfaction

Contract/Authorization to Proceed

Programming
(May be a separate contract)

Confirm Program/ Concepts	Schematic Design
5%	10%

Final Completion　Post Occupancy Review

Project Phases

Schematic Design	Design Development	Construction Documents	Bidding Competitive or Negotiated	Construction Administration

Fee Breakdown Conventional bid

15%	20%	30-35%	5%	25-30%

Deliverables May vary with each contract

AIA Document B141
Design Services Description

| The Architect shall provide Schematic Design Documents based on the mutually agreed-upon program, schedule, and budget, and shall include a conceptual site plan, preliminary building plans, sections, and elevations. Schematic Design Documents may also include study models, perspective sketches, and electronic modeling. | The Architect shall provide Design Development Documents based on the approved Schematic Design Documents and updated budget, and shall illustrate and describe the refinement of the design of the Project, establishing the scope, relationships, forms, size and appearance of the Project by means of plans, sections and elevations, typical construction details, and equipment layouts. Documents shall include specifications that identify major materials and systems. | The Architect shall provide Construction Documents based on the approved Design Development Documents and updated budget for the Cost of the Work. The Construction Documents shall set forth in detail the requirements for construction of the Project. The Construction Documents shall include Drawings and Specifications that establish in detail the quality levels of materials and systems required for the Project. | The Architect shall assist the Owner in obtaining either competitive bids or negotiated proposals. | The Architect shall provide administration of the Contract between the Owner and the Contractor as set forth in AIA Document A201. The Architect shall be a representative of and shall advise and consult with the Owner during the provision of the Contract Administration Services. The Architect shall review properly prepared requests for additional information, prepare supplemental Drawings and Specifications, and provide interpretations consistent with the intent of and reasonably inferable from the Contract Documents. The Architect shall visit the site at intervals appropriate to the stage of the Contractor's operations, and report to the Owner known deviations from the Contract Documents. See AIA B141 article 2.6 |

283

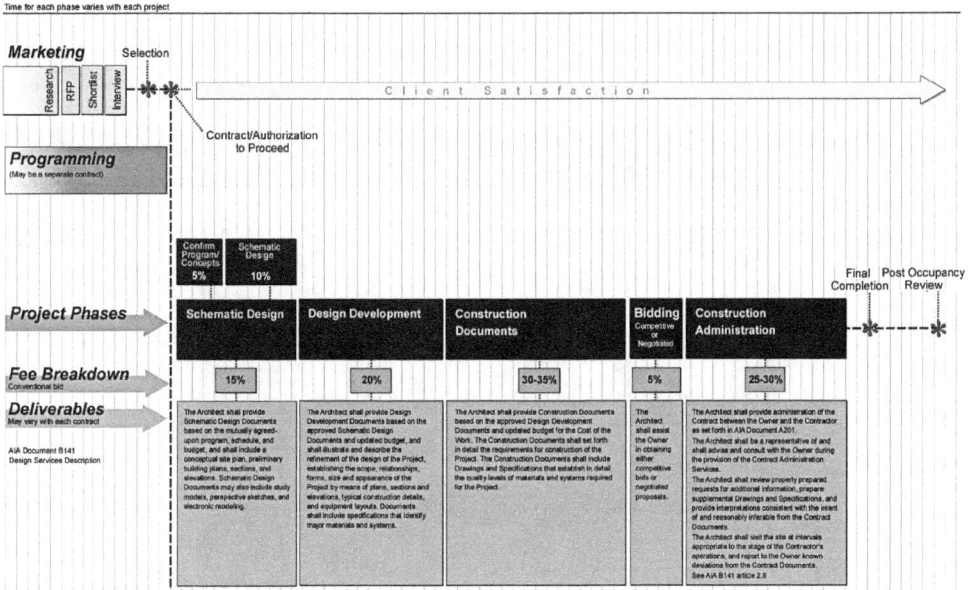

Interior Design Project 室内设计项目的阶段取费表 表10-2

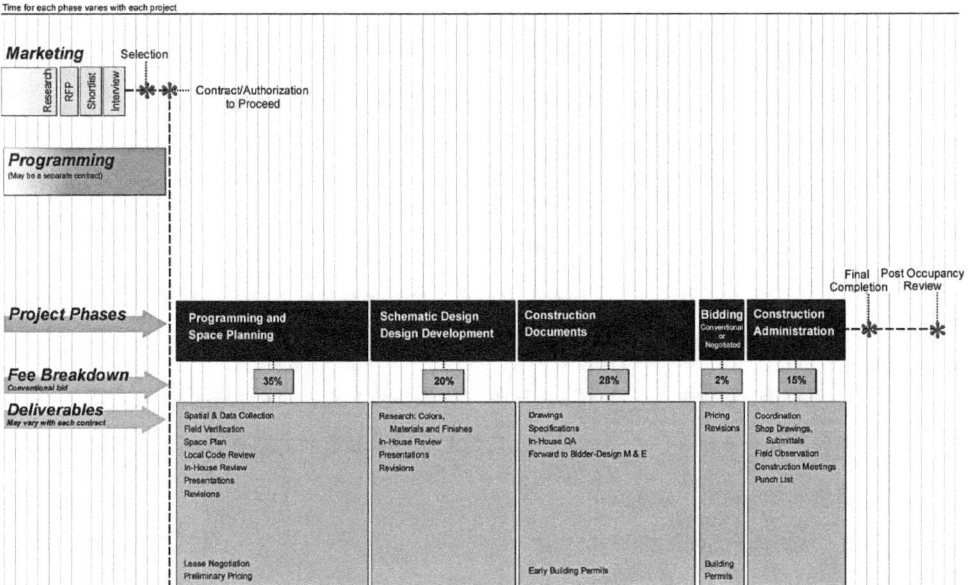

Time for each phase varies with each project

Marketing Selection

Research | RFP | Shortlist | Interview

Contract/Authorization to Proceed

Programming
(May be a separate contract)

Final Completion　Post Occupancy Review

Project Phases

Programming and Space Planning	Schematic Design Design Development	Construction Documents	Bidding Conventional or Negotiated	Construction Administration

Fee Breakdown Conventional bid

35%	20%	28%	2%	15%

Deliverables May vary with each contract

| Spatial & Data Collection Field Verification Space Plan Local Code Review In-House Review Presentations Revisions | Research: Colors, Materials and Finishes In-House Review Presentations Revisions | Drawings Specifications In-House QA Forward to Bidder-Design M & E | Pricing Revisions | Coordination Shop Drawings, Submittals Field Observation Construction Meetings Punch List |
| Lease Negotiation Preliminary Pricing | | Early Building Permits | Building Permits | |

Urban Design Project

Time for each phase varies with each project

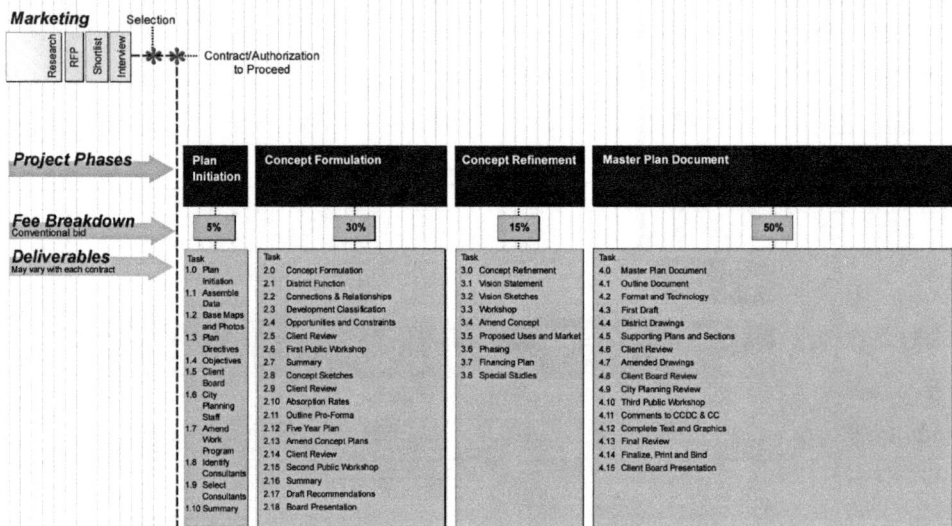

Marketing — Research / RFP / Shortlist / Interview — Selection — Contract/Authorization to Proceed

Project Phases

| Plan Initiation | Concept Formulation | Concept Refinement | Master Plan Document |

Fee Breakdown (Conventional bid)

| 5% | 30% | 15% | 50% |

Deliverables (May vary with each contract)

Task	Task	Task	Task
1.0 Plan Initiation	2.0 Concept Formulation	3.0 Concept Refinement	4.0 Master Plan Document
1.1 Assemble Data	2.1 District Function	3.1 Vision Statement	4.1 Outline Document
1.2 Base Maps and Photos	2.2 Connections & Relationships	3.2 Vision Sketches	4.2 Format and Technology
1.3 Plan Directives	2.3 Development Classification	3.3 Workshop	4.3 First Draft
1.4 Objectives	2.4 Opportunities and Constraints	3.4 Amend Concept	4.4 District Drawings
1.5 Client Board	2.5 Client Review	3.5 Proposed Uses and Market	4.5 Supporting Plans and Sections
1.6 City Planning Staff	2.6 First Public Workshop	3.6 Phasing	4.6 Client Review
1.7 Amend Work Program	2.7 Summary	3.7 Financing Plan	4.7 Amended Drawings
1.8 Identify Consultants	2.8 Concept Sketches	3.8 Special Studies	4.8 Client Board Review
1.9 Select Consultants	2.9 Client Review		4.9 City Planning Review
1.10 Summary	2.10 Absorption Rates		4.10 Third Public Workshop
	2.11 Outline Pro-Forma		4.11 Comments to CCDC & CC
	2.12 Five Year Plan		4.12 Complete Text and Graphics
	2.13 Amend Concept Plans		4.13 Final Review
	2.14 Client Review		4.14 Finalize, Print and Bind
	2.15 Second Public Workshop		4.15 Client Board Presentation
	2.16 Summary		
	2.17 Draft Recommendations		
	2.18 Board Presentation		

284

生风险的机会，并对我们无法控制的可能发生的风险，在不同情况下进行补偿。明确风险的程度和容易发生风险的地方，可以帮助我们制定和确定最合理的费用构成。

美国设计单位对于项目风险的评估，主要是在以下几个方面：

(1) 最基本的风险就是那些在设计中提供了之前没有明确的服务内容。

(2) 业主决策的调整、制定和确定。

(3) 工作范围调整（是否有确定费用的依据和标准）。

(4) 第三方项目的管理（当项目某个分包专业合作管理的问题）。

(5) 对于因调整原定计划而带来的成本增加部分的取费标准，常常因为赶图、调整设计而带来的费用问题。

(6) 对于结构成本变化的责任和结构变化的应变（控制成本是美国建筑师的工作职责之一，业主有权利在设计超出成本预算的时候要求设计师无偿重新设计）。

(7) 经济支付能力和付款条款。

（四）设计的合同签订

(1) 首先让我们来了解一下设计合同的签订方式，在美国可以按照设计合作的方式进行合同分类：

1) 以协议书形式（Letter of Agreement）签订。

2) 依据或参照美国建筑师协会标准文件和类似工程师文件的形式（AIA Document or Similar Document by Engineers）。

3) 根据客户起草的协议（Client-Drafted Agreement）来签订合同。

4) 直接以定购单（Purchase Order）的方式明确设计合约关系。

通常美国公司习惯用以上形式中的第二种方式签订合同，即AIA标准文本或协议书。这倒也不完全是因为美国人的自大和保守，而是因为客户起草的协议必须经过公司老板、律师和保险代理人仔细阅读，比较复杂。以笔者了解的其确定合同的过程，与国内很多大型企业的合约操作套路基本相似。要依次明确合同内容、成果要求及费用洽商项，之后是合同文本及公司审订并附律师意见，最后是文本制作及签订等。但是不要忘了，大家还要考虑到合同翻译的时间。一般一份合同的专业编译就需要一定的时间。比如翻译一份中英文对照的5000字左右的合同文本耗时2天左右，这其中还要就某些双方不熟悉的条款进行讨论、修改，其繁琐程度可想而知。所以如果你打算让美国人接受一份别人草拟的合同也没有问题，不过就请稍微耐心一点儿多花些时间吧。

(2) 所有的协议必须要由项目经理和合伙人确认和控制。因为合同直接代表了设计服务内容和成果标准，因此项目经理这个层级的熟知就是必然的了。这一点和国内很多设计单位通常由一个比较独立的部门，比如计划经营部，去接洽合同还是有一定区别的。

(3) 只有公司董事会的人员才可以代表公司签署合同。这一点非常明确，在境外设计环境中，从法律上是不可能有挂靠或者"货不对板"的状况的。

四　与境外设计合作的小常识

最后介绍一些与境外设计合作过程中需要了解的，非设计因素但又会对最终的成果产生很大影响的一些常识。

1. 关于工作时间

我们大抵都有个模糊的概念，欧美情况虽稍有差异，但整体上讲，外国的法定假期普遍是比较多的。同时，西方人由于社会发展状况不同，对生活品质和生活节奏的要求与国人也很不一样。除了国家的法定假期以外，每个人还有一定的个人带薪休假时间，并且这些时间都是基本要得到保障的。

美国建筑师的工作时间也比较固定，原则上像国内设计师那样没有节假日、没有白天黑夜的大规模加班的状况是很难出现的。因此，在开始工作时就应对于该地区的法定假日情况有一定的了解，避免带来关键时期设计人员无法到位的窘境。

美国比较重要的假期具体如下：第一个大的假期就是春假，在3月底，约一周左右。年底又是节假日比较集中的时间，11月底的感恩节是一个美国人家庭团聚的重要节日，前后约一周左右时间。之后就是圣诞节加新年元旦，相当于国内的春节，时间大约在12月25日到1月1日的一周左右。其余的，还有清明节（在5月份的第四周的周一），总统日，国庆日（7月4日）等假期时间。当然这些假期基本都在前后两天左右，不太影响工作和正常的出差旅行。还有就是刚才提到的个人带薪休假，一般在设计公司中随着个人资历的不同，每个人都会有一定时间的假期，当然这个假期的时间和具体安排是完全可以由项目负责人协调、组织的。

　　整体来讲，美国人的工作节奏安排要比欧洲人紧凑（相对来讲，欧洲的生活节奏、假期可能更充分），工作压力也比较大。但也不要小瞧这些假期时间，因为再加上国内的五一、十一、春节这些法定假期，政府及很多部门都人去楼空，机票、办公等诸多条件都比较困难。考虑到内外因素累计叠加的话，一年十二个月中受影响的就有二、三，五、十、十一、十二等六个月之多。这对于一个设计周期较长的复杂项目来讲，影响还是很可观的。因此，细致和密切的沟通和组织安排，尽量把不必要的时间因素影响降至最低，是非常必要。

2. 关于工作地点

　　目前，国内境外设计分支机构的本土化与设计品质之间的矛盾还未能完全取得平衡。至少对于国际上一线的建筑设计事务所来讲，相比较于世界其他地方中国仍是一片渴望而陌生的土地。因此，我们还是希望境外设计公司的设计成果多半能由外国设计师在境外完成，并且有时还经常点名要求事务所的某位主要设计师必须亲自执笔等等。因此，难得的多方联合设计、共同工作将是彼此充分交流、提升设计效率的有效途径。

287

　　这里首先应尽可能地保证现场办公的时间和办公条件，同时考虑到费用问题，一般约定每次现场联合设计时间不少于4天（8小时/天），且不含差旅时间。这样的安排才能基本保证有比较充分的时间进入工作状态，并形成一定的成果，否则时差影响再加上路途中天气情况难以把握，时间安排容易非常局促。有些境外公司，在合作之初就能对联合设计的商务条件一一明确，比如酒店的入住标准基本要求是五星级涉外酒店等等。当然，由于此类境外设计公司与酒店基本都有长期的服务协议，酒店的预定外方可自行搞定。

　　对于设计师在国内期间的日程安排，细致的日程表则是境外设计公司现场联合设计的有效管理工具。我们可以通过日程表来确定境外设计公司在短暂的时间里达成设计成果，形式详见表10-4。

设计公司现场设计工作控制表 表10-4

工作时间	工作内容	时间拆分	工作拆分	责任人	工作地点	工作目标	工作成果
月 日		上午 下午	1. 2. 3. 4.				

3. 沟通方式及注意事项

双方沟通的重要性在本章上文中已有描述，在此需要再做强调的是：彼此沟通务必要以及时准确、充分有效、相互尊重理解为基本原则，并且在处理具体问题时一定要主动尝试站在对方的立场上考虑问题，积极解决问题。在日常沟通工作中，要特别注意到国内外环境上的差异，比如目前国内业主方与设计单位的关系多为买方市场，业主比较习惯的沟通方式可能通常比较生硬，而如果生搬硬套，哪怕是无意间流露，都会造成境外公司的不习惯，甚至容易产生误解或强烈的抵触情绪。

下面再介绍几个有效的沟通小工具。

视频会议：适用于阶段性的方案工作汇报。大型的境外设计事务所往往都具备先进的通信设备——视频设备，并有专人进行管理，他们也往往习惯于组织大规模、多方参加、异地视频、电话以及移动电话之类的会议，并且效果也很不错。我们只需在视频开始前将硬件设施安排妥当，再将IP地址知会设计公司即可方便使用。

网络语音聊天工具：适用于定期的沟通交流，比如SKYPE软件等，由于境内外各公司均可提供上网条件，因此无需增加额外的办公费用。沟通中的时差问题则建议大家提前约定好时间来解决。以中国与北美一些地区的时差为例，因为基本是黑白颠倒的十二小时左右时差。从某种意义上来讲，有效

▶ 图10-5　网络化
的设计在线沟通

的沟通可以达到使工作"日以继夜"的快速衔接的理想状态。当然如果处理不当，也非常容易造成彼此疲惫不堪、效率低下的状况。图10-5是境外设计事务所在线网络化办公的实景。

此外，还有一些类似"Gotomeeting"之类的小软件，通过它可以使得在线双方共同浏览同一界面的文档或图纸，并且其中一方还能对应屏幕上的文件加以圈阅。这些小工具也会使得网络在线工作变得更为轻松、有效。

4. 财务与付款

还有就是有关税务的问题。与境外设计公司的合作，必须与双方的财务明确税务问题。目前主要采用纳税方式有：中方代扣代缴（适用于在境内有分支机构的境外事务所）；外方直接交纳。如果梳理不清甚至会出现双方都需要缴税的状况，而重复交税会带来不必要的费用压力。

首先要明确，一般境外事务所所提的商务报价都是净收入的概念，也就是不含税款的。目前市场上比较常用的是第二种方式，外方提供完税凭证后我方办理境内免税业务。第二种方式需保证以下条件，合同中要约定境外设计公司的设计成果全部在境外完成；设计服务范围严格不能涉及扩初设计；如涉及则需另有国内设计公司配合，并需在合同中加入设计咨询字样。当然，目前国内的税法还在不断完善，由于税法政策对此有诸多不能清晰界定的地方，而不同级别的国税、地税部门对此判断也不尽统一。因此与税务主管部门必要、有效的沟通也是需要的。

其次是付款环节。这当然需要严格按照合同的内容履行。如果无法按合同履约应提前沟通得到对方的同意，因为对于因款项未及时支付而带来的工作延误设计公司将不负责任。特别是上文提到的境外设计公司控制工作的节奏——每两周的工作会议以及信息更新，也就是说财务部门定期（每两周）会对于业务完成情况进行盘点，对于超时未完成的工作或工作完成未收到款项的情况向项目管理人提出预警。因此，由于业主自身原因造成的设计返工或工作量增加应提早开展合同补充协议的洽商工作，避免因费用的纠纷问题影响设计进度。特别是那些出款流程审批也需要一定时间的国内公司，阶段付款就更应有计划性。

总的来说，考虑到目前的国内外社会、技术环境的巨大差异和文化、语言的障碍，与境外事务所的合作是一件不易圆满的事情。但因为如此，事务性的协调和工作方式上的磨合就尤为重要。当然，与任何一家事务所的合作，无论是什么样的团队，一定时间范围内的磨合是必要的。这就要求双方在磨合的过程中体现出充分的信任和耐心，这样才能为今后更广泛的合作奠定基础。在这一点上，凡是经历过大型项目组织工作的人都会有切实的感受，尤其是在项目实施过程中出现各种障碍的时候，充分的沟通和协调以及团队式的解决方式是解决问题的最好办法，也是项目的理念在设计实施过程中得以完善的最佳途径。尤其是在合作各方彼此还生疏的时候，设计过程实施的连贯性及一致性对于项目成功就更为重要。科学的组织保障、全方位的沟通及协调是提高设计有效性的关键，同时也是促成设计师实现项目理念实施最大化的有效方式，其最终目的是争取业主对项目的期待值及设计投资回报的最大体现。

参考文献

[1] 阿尔瓦·阿尔托的作品与思想. 大师系列丛书编辑部. 北京: 中国电力出版社, 2005.

[2] (英) 布莱恩·劳森Lawson, B.R. 设计构思Design in Mind. Oxford: Architectural Press, 1994.

[3] (法) 勒·柯布西耶Le Corbusier. 走向新建筑Towards a new Architecture, 陈志华译. 西安: 陕西师范大学出版社, 2004.

[4] (法) 林德赛Lindsey, B. Digital Gehry: Material Resistance/Digital Construction. Basel, Birkhauser, 2001.

[5] 黄健敏. 阅读贝聿铭. 贝思出版有限公司. 北京: 中国计划出版社, 1997.

[6] (英) 布莱恩·劳森Lawson, B.R. 设计师怎样思考——解密设计How Designers Think. 杨小东, 段炼译. 北京: 机械工业出版社, 2008.

[7] (荷)赫曼·赫兹伯格Hertzberger, H. 建筑学课程Lessons for Students of Architecture. Rotterdam, Uitgeverij010. 1991.

[8] 马里奥·博塔. 前卫建筑师. (韩) 建筑世界杂志社. 杨昌鸣, 李湘桔译. 天津: 天津大学出版社, 2002.

[9] (美) 萨克里Abby Suckle. By Their Own Design. New York: Whitney, 1980.

[10] (日) 片山和俊, 新明健. 都市空间作法笔记. 陶新中译. 北京: 中国建筑工业出版社, 2005.

[11] (美) 简·达克Jane Darke, Walter E. Rogers and William H. Ittelson. The primary generator and the design process. New Directions in Environmental Design Research: proceedings of EDRA 9. Washington: EDRA, 1978.

[12] (美) 弗兰克·劳埃德·赖特Frank Lloyd Wright. 建筑的未来, 翁致祥译. 北京: 中国建筑工业出版社, 1992.

[13] (德) 克里斯蒂安·马尔克瓦特 Christian Marquart. 国外建筑事务所设计理念与工作方式. 田力译. 大连: 大连理工大学出版社, 2007.

[14] (美) 唐纳·松Donald A. Schon. The Reflective Practitioner: How professionals think in action. London; Temple Smith, 1983.

[15] (英) 帕克尔·莫里斯 Parker Morris. 今后的新居所. 伦敦住房. 1961.

后记

台湾德简书院院长王镇华先生也是位建筑学者，其著作《生活卡片》中有这样一段话一直为我津津乐道："能重视自己的生活经验就是自信，而将那种感动流露出来就有创造"。

的确，本来是些庞杂但却散碎专业资料的片段，打算忙里偷闲地提炼成一个漫谈式的随笔，以免这些资料随着岁月的流逝而褪色至无从查询，结果经过大量的文案整理后汇编成册，其中内容算是我近十年职业经历中的些许积累和沉淀。而这个整理、提炼的过程本身也使我有机会再次重温、学习、梳理与贯通了一遍这些宝贵的记忆。当这本书杀青付印之时，已是我的不惑之年，这十余年的时光也让我经历了年轻人由理想到直面现实的过程。单从这点来看，也算是不敢妄自菲薄、虚度光阴的一丝安慰吧。其实一个人在有限的工作旅程中，能及时记录下来一些点滴感悟，并可能对未来自己或他人的工作有些许的参考帮助，本身不就挺有意思的吗？并且在日益纷繁忙碌的现代社会中，人们并没有多少次这样的机会，值得好好珍惜和把握。

建筑创作的本身就是一门解决问题的实用学科，并且我们应该看到，真正的设计创造就在现实条件的众多限制中去寻找一条最佳的通路。非常幸运的是我遇到的大多数专业同行都不断为这个领域的探索做着重要贡献，我从与所有专家的工作经历中受益匪浅，和他们一起交流让我受益良多，是他们使我得以成长，也正是这些优秀的个人和专业组织，他们精益求精的工作态度，系统科学的工作方法，庞杂完善的技术资料为我提供了充足的养分。而各种专业平台上的工作实践机会又给了我特别的启发，特别是万科集团的专业体系，其精神特质和技术底蕴让人难忘，尤其是那些曾经在集团总部的工作场景，吴迪、杨锐、薛峰、朱建平、胡博闻、张宝利、杨靖、潘高峰、陈喆、苏志刚、蔺晓瑞、周明志、舒文、道日娜等优秀的同事们，通过对各类想法的充分交流，让人感到了一种大家庭般的氛围。在万科我逐步成熟，这段宝贵的学习、工作经历将成为我职业生涯中最重要的财富之一。当然还要特别感谢翟景峰、赵文、Paul，是他们对于国内设计以及境外设计环境的描述，为本书的内容提出了宝贵而中肯的参考意见。当然还有那几年间和我进行培训交流的学员们，正是他们的求知欲和课堂的反馈为本书提供了大量新鲜的素材，这本书的内容也离不开他们的热情支持。

感谢所有为本书的出版付出辛勤劳动的亲朋挚友，特别是年迈独处的母亲，衷心期望能伴其左右，晚年幸福，当然还有家父在天之灵的关照。最后，将这一份岁月和感情的礼物献给我快六岁的女儿沈欣然，这个世界上最最美丽、最最聪明的宝贝，衷心希望她能享受童年的成长欢乐，同时也能秉承好学快乐的天性，更加自立、自强、自律，尽情地吸吮未来知识海洋中的营养。我也将永远守护着她！

沈源

2013年12月